赤れんがものがたり

敬文舎

目次

まえがき 4
1 官営工場、富岡に決まる 7
2 朝日に映える、巨大な赤れんが建物 25
3 全国から集まった工女たち 45
4 皇后・皇太后の行啓 65

5 世紀を超える歴史ものがたり 89
6 資料編 113
◆富岡製糸場の今と昔
◆富岡製糸場のご案内
◆場内のいろいろな建物
◆絹産業遺産群
◆お蚕の一生
◆絹織物のできるまで
◆赤れんがクイズ　答えと解説

まえがき

富岡製糸場《とみおかせいしじょう》は、明治五年（一八七二）一〇月に開業し、日本の近代化と経済発展に大きな役割をはたしてきました。

長い鎖国《さこく》を経て、日本が開港したのは安政《あんせい》六年（一八五九）のことですが、その当時から主要な輸出品は蚕糸《さんし》類でありました。幕末《ばくまつ》期から明治維新《めいじいしん》の初期までは総輸出の六〇～八〇パーセントが蚕糸類だったと記録されています。さらにそれ以降も外貨獲得に大きな役割をはたし、戦後の復興期以降までつづきました。工業立国以前の資源小国であった日本では、蚕糸類が日本の発展を支えつづけたのです。そのシルク製品の品質向上と機械化のさきがけとなったのが、官営《かんえい》富岡製糸場だったのです。

さて、富岡製糸場は創業《そうぎょう》当時から世界一の規模《きぼ》を誇り、一一五年ものあいだ、製糸業ひとすじに操業《そうぎょう》をつづけてきたのです。創業時の赤れんが建物もすべてほぼ完璧《かんぺき》に保存されています。激変《げきへん》する時代のなかで奇跡的ともいえますが、その奇跡にも理由があったのです。

それは、製糸という単一業種をつづけたこと、創業当時の建物群が巨大であり増改築の必要がなかったこと、さらには歴代の所有者がみごとな保存管理をしてきたことなどがあげられましょう。昭和六二年（一九八七）の操業停止後も、所有者の片倉工業さんはみごとな保存管理をつづけました。そして、歴史的価値や世界への貢献《こうけん》が認められ、平成二六年（二〇一四）にユネスコ世界遺産に登録され、さらには「国宝」にも指定されました。

富岡製糸場には、ここだけにしかないユニークなエピソードがたくさんあります。みなみなさまに富岡製糸場の歴史と価値を知っていただく一助となれば幸いです。

さて本書は、紙芝居《かみしばい》『赤れんが物語』が原典になっています。平成二〇年から五年をかけて全五話の紙芝居が制作されました。一話から四話までは「富岡中央ロータリークラブ」が作成し、その後全面移管した「NPO法人富岡製糸場を愛する会」で第五話が作成されました。

紙芝居は、監修を今井幹夫氏にお願いし、原画は高橋わたる氏、やの功氏が、脚本は今井清二郎が担当いたしました。

紙芝居は現在も、各地各場所で上演され、好評を博しております。お礼を申し上げて序に代えさせていただきます。

平成二八年七月

今井清二郎

監修　今井幹夫
原画　高橋わたる（第1話）
やの功（表紙、第2話〜第5話）
構成・執筆　今井清二郎
装幀・デザイン　姥谷英子

協力　富岡中央ロータリークラブ　NPO法人富岡製糸場を愛する会　富岡市
写真協力　伊勢崎市教育委員会　片倉工業株式会社　群馬県庁
群馬県立日本絹の里　群馬県立歴史博物館　下仁田町歴史館
藤岡市教育委員会
撮影協力　富岡市・富岡製糸場

●紙芝居『赤れんが物語』は、ＮＰＯ法人富岡製糸場を愛する会が所管しています。

紙芝居『赤れんが物語』は、街頭紙芝居の伝統を引き継ぎ、自転車に載せて上演しています。いつでもどこへでもがモットーです。

1

官営工場、富岡に決まる

富岡製糸場《とみおかせいしじょう》は、明治五年（一八七二）一〇月に開業いたしました。以来、一一五年間にわたって操業《そうぎょう》をつづけ、昭和六二年（一九八七）に操業停止いたしました。その後製糸場は、歴史と価値が認められ、ユネスコ世界遺産・国宝に指定されました。

そんな折々のエピソードをつづった、この『赤れんが物語』は、維新政府が国家プロジェクトとして建設を決定し、建設地に上州《じょうしゅう》富岡が選ばれるところからはじまります。

日本でただひとつ建設された官営製糸場。なぜそれが「上州富岡」だったのでしょうか？　だれもが興味を抱《いだ》くテーマですね。

ではさっそく物語をはじめてまいりましょう。

黒船の襲来

物語にはいる前に、製糸場建設の背景となっている「明治維新《めいじいしん》」について、ちょっとだけ触れておきましょう。

幕末期《ばくまつき》までの日本は、鎖国《さこく》政策で殻《から》に閉じこもり、ひたすら世界の進歩発展に目を閉ざしておりました。嘉永《かえい》六年（一八五三）、浦賀《うらが》沖にやってきたアメリカのペリー率いる黒船に、幕府は驚愕《きょうがく》しました。「太平の　眠りを覚《さ》ます　上喜撰《じょうきせん》　たった四杯《しはい》で　夜も寝られず」という狂歌《きょうか》が江戸中にはやったそうであります。

まさに、青天《せいてん》のへきれき、国じゅうが沸《わ》き立ちました。それから一気に討幕《とうばく》運動から戊辰《ぼしん》戦争にまで突入し、錦《にしき》の御旗《みはた》をかかげた官軍は、幕府軍を追いつめたのであります。

官営製糸場の構想生まれる

徳川幕府の牙城《がじょう》、「江戸」に攻め入った官軍《かんぐん》の総大将西郷隆盛《さいごうたかもり》は、幕府代表の勝海舟《かつかいしゅう》と話し合って江戸城を無血開城《むけつかいじょう》いたしました。官軍が勝利した瞬間であります。ついに、徳川時代は終わり、明治時代の歩みがはじまったのであります。

さて、その維新政府で、「官営製糸場」をつくろうという話がでたのは、一八七〇年、明治三年の正月が明けたばかりのころであります。東京遷都《せんと》が明治二年ですから、まさに新政府ができて間もなくのことです。長くつづいた幕藩《ばくはん》体制も刀の時代も終わった、その瞬間ともいえるこの時期に、洋式の器械製糸工場をつくろうと考えたのであります。すごいことですね、ちょんまげから、ざんぎり頭になったとたんに、文明開化の波がうねりだしたのであります。

さて、ここは、東京のとある館《やかた》、政府の高官たちが集まって、談笑しております。まず大久保利通《おおくぼとしみち》が話を切りだします。

大久保「木戸《きど》さぁ、長かった戦争《ゆっさ》も、やっと終わり、

わが国の民も、落ち着いてきたようでごわすな」

木戸孝允《たかよし》「しかしね、大久保さん、海外の列強《れっきょう》は、虎《こ》視眈々《したんたん》、日本をねらって牙《きば》を研《と》いでおる。その連中から国を守るには、強い軍隊が必要になる」

大久保「おお、そんためには、近代産業を興《おこ》し、国を豊かにすることだ。つまり、富《ふ》国強兵《こくきょうへい》こそ、わが国の基本政策になる。なぁ、岩倉《いわくら》さぁ」

岩倉具視《ともみ》「産業を興すといっても、いまの日本でなにができるでしょうか？　なにしろ、日本はまだまだ遅れていますからね」

ここで、伊藤博文《いとうひろぶみ》が発言いたします。

伊藤「先日、横浜で聞いてきたのですが、ヨーロッパでは蚕《かいこ》の病気がはやっているという。それで、日本の生糸《きいと》や種紙《たねがみ》（蚕の卵を産《う》みつけた紙）が飛ぶように売れております。あまりの引き合いに、不届《ふとど》きな業者が粗悪《そあく》な品を売りつけて海外の評判を落としている。まことに困ったことであります」

「ほらっ、ご覧ください。この紙には菜種《なたね》のようなものがつけてあります。それに、生糸にもくず糸が混じっております」

さすがの大久保もびっくりします。

まゆづくり
ふ化
産卵
越年卵
（たね紙）
まゆ
カイコ
生糸

大久保「伊藤君、これはひどか、なんとかしなければなりもうさぬ。よか考えはなかか？」

伊藤「いっそのこと、官営工場を建てて輸出したらどうかと考えております」

大久保「なるほど…、模範《もはん》工場にして指導者を育て、全国に広めるってこつごわすな。どうじゃ大隈《おおくま》さん、おもしろか考えではなかか」

大隈重信《しげのぶ》「そりゃあいい。いい生糸ができれば外貨《がいか》がたんと稼《かせ》げる。こりゃあ大久保さん、日本の救いになるかもしれないよ」

ちょうどこの席に渋沢栄一《しぶさわえいいち》もいました。渋沢は海外事情にくわしく、また養蚕《ようさん》のこともよく知っていました。それで以降は、渋沢が中心になって計画を進めることになったのです。

現地視察に旅立つ

計画をまかされた渋沢は、さっそく準備に取りかかりました。まずは、製糸にくわしい外国人を見つけることでした。ちょうどそのとき、フランス人のポール・ブリュナという技術者が横浜にいることがわかりました。さっそく、伊藤と渋沢はかけつけます。

伊藤「ブリュナさん、日本政府は製糸工場を建てることにしました。ぜひ、あなたの協力をいただきたいのです」

ブリュナ「そりゃあいい。日本の繭《まゆ》はすぐれていますが、生糸はダメですね。ヨーロッパでは器械製糸が進んでいます。なかでも、フランスの技術がいちばんです。ぜひ、フランス式を入れてください。それで、どこにつくりますか？」

渋沢「どこがよいのか、そこから教えていただきたいのです」

ブリュナ「それには、現地の視察《しさつ》からはじめなくてはならない」

伊藤「その現地視察からやっていただきたいのです」

ブリュナ「ウイ、ウイ、まかせてください」

さっそく政府役人の松井清蔭《まついきよかげ》という人物がチームリーダーに指名され、明治三年六月、視察に旅立ちました。視察先は、信州《しんしゅう》（いまの長野県）、上州（群馬県）、そして武州《ぶしゅう》（埼玉県・東京都）の三地域でありました。

まず信州は、小諸《こもろ》から追分《おいわけ》地域を見ました。つづいて上州富岡、富岡のつぎは武州秩父《ちちぶ》方面を視察いたしました。

どこの土地に行っても「住めば都《みやこ》」と申します、良い点が目につくものです。しかし、工場立地となるとどこにもまた、課題、問題点があったのです。

上州富岡視察

さて、ブリュナ一行の「上州富岡」視察のもようをご紹介いたしましょう。政府の公式視察団がやってきたのですから、町民たちも野次馬《やじうま》のようにたくさん集まりました。

町民（男）「ほらっ、あれが異人《いじん》さんだんべぇ、頭も

あごひげも金色に光ってる。おっかなそうだな。こらっ、子どもは近づくんじゃねぇ、喰《く》われちゃうぞ」

町民（老婆）「なにしにきたんかね、悪いことがおこんなきゃいいけど…」

町民（女）「名主《なぬし》さんに聞いたんだけどね、このあたりに糸取《いとと》り場《ば》をつくるんだってさ」

町民（男）「異人さんに、糸取りのことなんかわかるわきゃねぇだろ」

町民（女）「それがね、フランスちゅう国は、みんな絹《きぬ》のべべを着ているんだっちゅう」

町人たちも、はじめて見る異人一行に興味津々《きょうみしんしん》でありました。

翌日からブリュナは、富岡周辺を視察してまわりました。周辺には桑畑《くわばたけ》が海のように広がっております。農家を訪ねると、どの家でも座繰《ざぐ》りで繭《まゆ》から糸を引いています。その座繰りも、ブリュナは興味深く見てまわったのです。

平地の少ないこの地では、養蚕《ようさん》が農家の貴重《きちょう》な収入源になっていたのであります。

ブリュナは、養蚕の技術や日本人の手先の器用《きよう》さにも感動しながら、視察を進めていったのでした。

工場立地の条件

さて、ブリュナ一行は事前に話し合い、工場立地の条件をつぎの五点ほどにまとめていました。

①養蚕が盛んな地域で、大量の原料繭を入手しやすいこと（これは当たり前ですね。製糸場をつくるんですから…）。

②良質で豊富な水があること（製糸に水は欠かせません）。

③乾燥した風土であること（これは生糸の仕上がりに影響いたします）。

④広い土地があること（世界一の製糸場をつくるんですから…）。

⑤住民の理解が得られること（富岡の住民は計画を受け入れ、反対しませんでした）。

この五つの条件を考えながら、ここ上州富岡も視察をしていたのであります。

視察もいよいよ佳境《かきょう》にはいってきました。地元の区長がひとつの土地を案内しました。そこは、川を見下《みお》ろす高台で、麦《むぎ》や桑などの畑になっています。ブリュナ一行は、その高台に立ちました。

稲含山
甘楽野
かぶら川

ブリュナ「おおっ、トレビアン！　なんてすばらしい景色《けしき》。それに、空気も澄んでいる」

区長が説明いたします。

区長「ここ富岡は、その昔、中野《なかの》七蔵《しちぞう》というすぐれた代官《だいかん》が新田《しんでん》開発をしました。この場所は代官屋敷《やしき》をつくるために用意してあったものです。どうぞ、お使いください」

ブリュナ「なになに、この地には地震《じしん》もない？　そう、機械には地震が大敵《たいてき》だからね。松井さん、どうですか、条件は整っているようだね」

松井清蔭「ま、ま、まってください。そう簡単《かんたん》に決められません。ほかの土地のこともありますから、帰ってから十分に検討いたしましょう」

建設地、富岡に決まる

視察から帰った一行は、さっそく、伊藤博文をまじえ、会議を行いました。松井清蔭が報告いたします。

松井「視察の状況を説明いたします。まず信州ですが、水利《すいり》や繭の質はよいのですが、碓氷峠《うすいとうげ》という難所《なんしょ》があります。上州富岡は南面の川が下を流れておりますので水路が引きにくいのです。つづいて秩父地方ですが、ここは交通がいちじるしく不便、遠方《えんぽう》からの繭の集荷《しゅうか》に困難かと…。と、まあ、こんな状況で、どの地も一長一短、なんとも決めかねております…」

伊藤「バカモン！　視察者が決めかねるようでは、なんのための視察だったんじゃ」

かんしゃくを起こした伊藤の怒鳴《どな》り声に一同はぶっ飛びました。伊藤博文といえば幕末の志士《しし》として刃《やいば》の下をくぐったこと数知れない歴戦《れきせん》のつわ者であります。その強烈《きょうれつ》な迫力で一喝《いっかつ》されたのであります。一息ついて伊藤は、「ブリュナの意見を聞きたい。す

高杉晋作
伊藤俊輔(博文)

敷地
かぶら川
排水
用水
高田川

ぐによびたまえ！」と一同に命じました。

ブリュナは、やっと翌日になって駆《か》けつけました。

ブリュナ「伊藤さん、私は富岡が気に入っている。あの地はすばらしい。ただ、水利がね、川の水が引けないのだよ。それで強くすすめられなかった」

ここで、政府の役人が発言しました。

役人A「じつはその後、詳細《しょうさい》に調査したのですが、富岡の地には、北に、もう一本、高田川というのがありまして、そこからの用水路がありました。南の鏑川《かぶらがわ》は大きな川ですから排水《はいすい》も心配ありません」

役人B「それと調査によれば、近郊に亜炭《あたん》の層があることもわかりました」

ブリュナ「それはすばらしい。蒸気機関《じょうききかん》には石炭が必要だ。私は富岡がいちばん良いと考えています。どうですか？　伊藤さん！」

伊藤「よしっ！　このへんで決めよう。異議なしじゃ」

こうして、もっとも条件の整っているところが富岡である、という結論がでたのであります。

国家の命運をかけた事業

それから数日後、伊藤と渋沢が話し合っています。

伊藤「渋沢君、西郷どんや、おえら方もみんな賛成してくれた。上州富岡に建設する許可が出たのじゃ」

渋沢「それは、それは、祝着至極《しゅうちゃくしごく》でございますね」

伊藤「ブリュナとの仮契約も交わした。なんと、月七五〇円もの大金になった。これは太政大臣《だじょうだいじん》の三条卿《さんじょうきょう》と肩を並べるような金額じゃ。外人はたいそうな待遇を要求するもんじゃのう」

渋沢「それで、大蔵省《おおくら》は大丈夫《だいじょうぶ》でございますか？」

伊藤「国家の命運がかかっているんじゃ…、それに、機械や資材も輸入するから、莫大《ばくだい》な予算がかかる、それも大蔵は認めてくれた」

渋沢「責任の重い仕事になりましたね、伊藤さん」

伊藤「産業だけではない。鉄道や港も整備する。それに軍備と…。大蔵をあずかる、大久保卿や大隈参議《さんぎ》は頭が痛かろう」

伊藤「さてと、ここまで決まれば、あとは実行手段じゃ。維新政府の役人たちでは、からっきし頼《たよ》りにならんしな。渋沢君、だれかいないか？」

渋沢「それはもう考えております。わしの義兄《ぎけい》に、尾高惇忠《おだかあつただ》というのがおりまして、武《む》蔵《さし》の国・明戸《あけと》の産ですから、養蚕にも糸取りにもくわしい」

伊藤「それはいい。すぐに手配してくれ。渋沢君、これからのことは、すべて、あんたにまかせるよ」

渋沢「はい、おまかせください」

伊藤「これですべて決まりじゃ。めでたい、めでたい」

話はトントン拍子《びょうし》に進んでいきます。いまの時代なら、こんな大きな事業は決まるまでに二、三年はかかるでしょう。これが、たった半年ほどで、ここまで決まってしまったのですから「驚き、桃の木、山椒《さんしょ》の木」であります。

こうして、明治維新政府が国家の命運をかけて建設する官営製糸場の建設地が上州富岡に決定され、いよいよ製糸場建設に着手する運びとなりました。

官営工場
建設用地
上州富岡

コラム1 物語の主役となった三人のその後

伊藤博文は、明治一八年（一八八五）、日本国の初代内閣総理大臣《ないかくそうりだいじん》になりましたが、その後、満州（中国東北部）のハルピン駅で暗殺、という悲劇の生涯を終えるのであります。

渋沢栄一は、九一歳の天寿を全《まっと》うしましたが、五〇〇もの企業、六〇〇もの教育・社会公共事業の設立に関与し、明治以降の日本社会・経済に多大なる足跡を残しています。

ポール・ブリュナは、富岡に明治八年（一八七五）末まで滞在した後、一時、フランスに帰国。その後、中国・上海《シャンハイ》で製糸場経営をしましたが、明治三九年、すべてを譲《ゆず》り渡し、帰国途中で富岡を再訪問しています。

フランスに帰国したブリュナは、功績が認められて、レジオン・ドヌール勲章《くんしょう》を授章、一九〇八年、六七歳でこの世を去っています。

赤れんがクイズ その1

太平の眠りを
さます上喜撰
たった四はいで
夜もねられず

ペリー艦隊襲来のとき「太平の　眠りを覚《さ》ます　上喜撰《じょうきせん》　たった四杯《しはい》で　夜も寝られず」という狂歌《きょうか》が江戸中にはやったそうです。さて、黒船に掛けた上喜撰とは何のことでしょうか？

▶クイズの答えと解説は P126 へ

2

朝日に映える、巨大な赤れんが建物

上州《じょうしゅう》富岡《とみおか》に決定した「官営製糸《せいし》工場」の建設がいよいよはじまります。建設工事といっても明治初期のこと、建設機械も運搬車両《うんぱんしゃりょう》もなかった時代です。すべて旧来の道具と手作業で建設しました。これを一年と四か月で完成させるというのですから、前代未聞《ぜんだいみもん》の建設工事です。

　しかし国家が総力をあげて取り組むということは、通常は不可能と思われることでも実現いたします。

　建設中のこの時期は「廃藩置県《はいはんちけん》」がおこなわれたばかり。県令《けんれい》に対して政府通達書を送付すれば、資材でも職人でも必要なだけ集まりました。工事責任者となったのは尾高惇忠《おだかあつただ》でしたが、日夜奮闘《ふんとう》してみごとな采配《さいはい》ぶりを発揮し、期待にこたえたのです。これからその模様《もよう》を語りましょう。

世界一の規模を誇る官営富岡製糸場

　さて、時は明治四年（一八七一）から五年にかけてのころ。ご存じのように、江戸時代は二〇〇年以上にもわたって鎖国《さこく》をしておりました。日本近代化の夜明けも産業では西欧に大きく後《おく》れをとっています。

　その日本で、しかも富岡というひなびた田舎町《いなかまち》で世界一の洋式器械《きかい》製糸工場をつくろうというのですから、なにひとつとっても、はじめてのことばかりでありました。

　しかし、日本人はたいしたもんですね。勤勉《きんべん》で、手先が器用《きよう》、そして、高度に熟練《じゅくれん》した伝統職人の技《わざ》をもっていました。しかも、明治維新《いしん》を成し遂《と》げたばかりの優秀な武士たちが強力なリーダーシップを発揮して、ついに立派《りっぱ》な工場を仕上げてしまったのです。

しかし、かつての日本にはなかった「洋式器械製糸工場」をつくろうというのですから、これには異人《いじん》さんの力を借りなくては実現しませんでした。

ブリュナとの契約

さて、時は明治三年（一八七〇）一〇月のことであります。大蔵少輔《おおくらのしょうふ》・伊藤博文《いとうひろぶみ》の執務室《しつむしつ》でフランス人のポール・ブリュナと製糸場《せいしじょう》建設にかかわる契約を交《か》わしております。渋沢栄一《しぶさわえいいち》も同席しています。

伊藤「ブリュナさん、このたびの契約に感謝いたします。すべてをお任せしますので、立派な製糸工場をお願いしますよ」

ブリュナ「ウイ、ウイ、おまかせください。伊藤さん、フランスの技術は世界一です。必ず期待にこたえられるでしょう」

伊藤「ところで渋沢君、建物の設計は、フランス人技師のバスチャンに決まったから心配ないが、現場の責任者は尾高でよろしいか？」

渋沢「はい伊藤さん、もう準備をはじめています。尾高惇忠は、実務ではだれにも負けません。ご安心ください」

伊藤「ブリュナさんは、これから、器械や建築資材の調達《ちょうたつ》のためにフランスに行く予定になっていますね。留守《るす》の間の進め方について、渋沢や尾高らによく指示しておいて欲《ほ》しいのだ」

ブリュナ「ウイ、ウイ、伊藤さん、心配性ね。大丈夫《だいじょうぶ》よ、日本人、優秀だからネ」

ブリュナは、それから毎日のように、設計士のバスチャン、政府の役人たち、渋沢、尾高らを集め、綿密《めんみつ》な打ち合わせを繰《く》り返《かえ》しました。

それだけでなく、座繰《ざぐ》りをしている農家にまで出掛《でか》けて、日本の糸取りの特徴を研究していました。その結果、日本女性の体格に合わせて製糸器械の高さを低く調整して発注するという配慮《はいりょ》までしてくれたのであります。こういう配慮をしてくれた、ということだけをみても、ブリュナのすぐれた人柄《ひとがら》と名プロデューサーぶりを想像することができるでしょう。まことに得《え》難《がた》き人材でありました。

建設資材などの調達

その後ブリュナは、ヨーロッパから各種建築資材などを調達してきました。窓に使う鉄枠《てつわく》、いまのサッシ

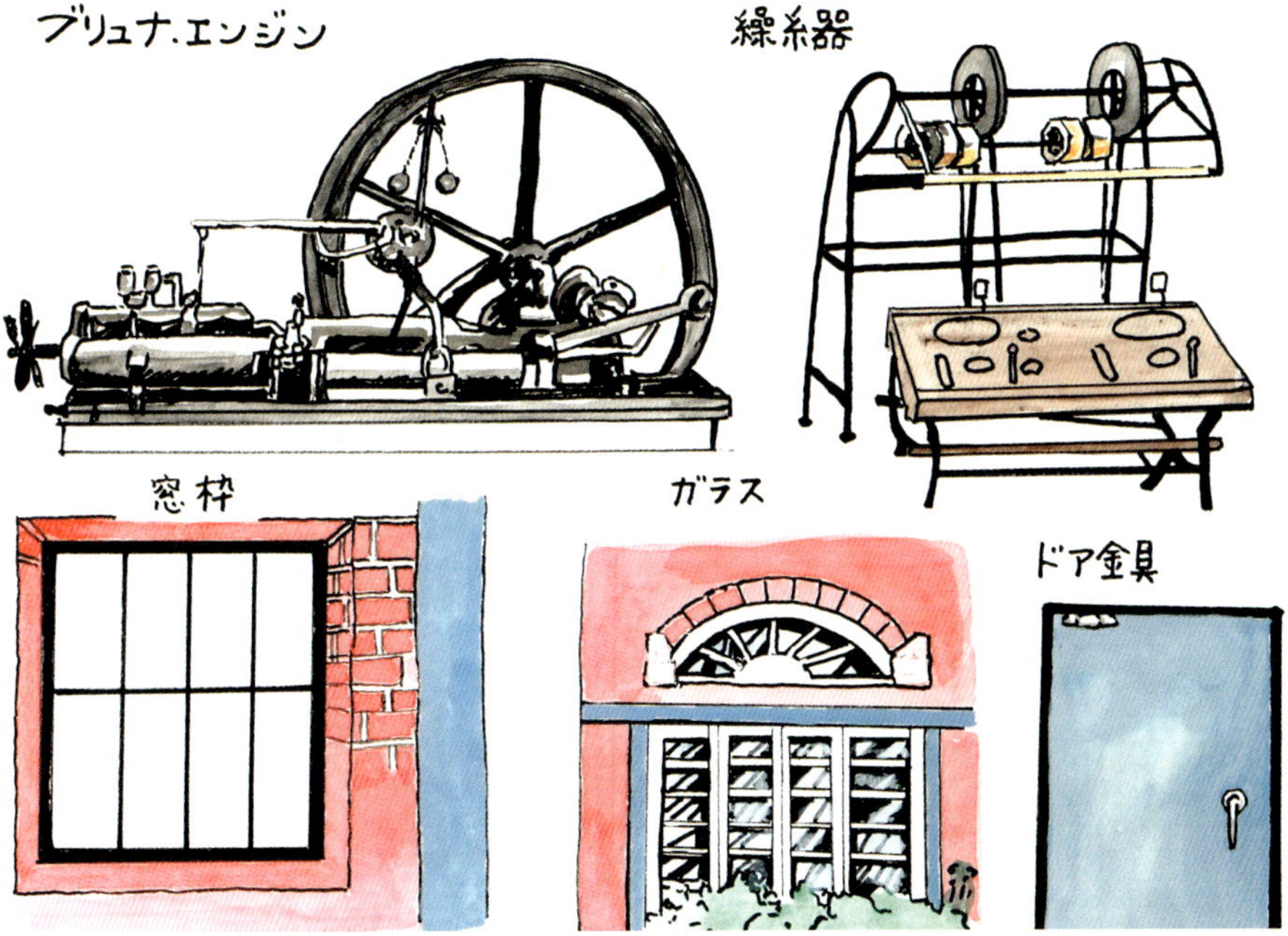
ブリュナ・エンジン
繰糸器
窓枠
ガラス
ドア金具

ですね。その鉄枠にはめこむ板ガラス・パテ材、ドア金具《かなぐ》、塗料《とりょう》、ボルト類、また暖炉《だんろ》にバスタブまで、日本にないものはすべて調達してきたのであります。

またのちに「ブリュナエンジン」と呼ばれる強力な蒸気《じょうき》エンジンも輸入してきました。さらに、男性の技術者二人、製糸を指導する工女四人、結婚したばかりの妻とメイドを連れて日本に戻りました。

ブリュナがふたたび富岡に着任した明治四年一一月ごろには、槌音《つちおと》が響きわたり、まさに工事現場は、佳境《かきょう》を迎えておりました。

建設現場の概要

まず敷地ですが、ほぼ一万五千坪という広大な土地であります。この敷地のなかに、なんと長さ一四〇メートルもある巨大な繰糸《そうし》工場、そして一〇四メートル、しかも二階建ての繭倉庫《まゆそうこ》が東西に二棟、建設をはじめています。そのほかにも、煙突や蒸気エンジンを備えつける「蒸気釜所《かましょ》」なども着工されています。

さらに、フランス人の技術者や女性指導者たちの居住施設、またブリュナ夫妻の館《やかた》、これらの建物は「異人館《いじんかん》」といわれていましたが、これも工事の予定にはいっています。このような建物が赤れんがでつくられ、これらはすべて建設当時のまま現在に残されているのであります。こんな大工事を、着工から一年と四か月で完成させようというのですから、工事現場の混乱と騒々《そうぞう》しさは、みなさんも想像できるでありましょう。まさに、てんやわんやのあわただしさでありました。

さて、建物の概要《がいよう》をご理解いただいたところで、いよいよ建設現場にはいって、そのようすをのぞいてみたいと思います。

ブリュナ館

尾高惇忠

大工工事

さあ、ここは、材木の木挽《こび》きをしている現場です。職人さんがいますので、ちょっと聞いてみましょう。

——すごい汗《あせ》ですね。いま挽《ひ》いている材木は、どこに使うものですか？

木挽き職人「これかい、これは床材《ゆかざい》さ。厚《あつ》さは一寸《すん》五分《ぶ》（約四・五センチ）もある。大量に使うから、もう一か月も、こればっかし挽いている」

——ほらっ、あそこに、一尺《しゃく》（約三〇センチ）角《かく》もある「通《とお》し柱《ばしら》」が立ってる。何本ぐらいあるんでしょうね？

職人「そうさね、繭倉庫と製糸場だけで二五〇本もあるんじゃないかい。異人館もあるから、あと一〇〇本は挽かなくちゃなんねぇ」

——そりぁ、たいへんな仕事だ。いったいなんの木ですかね？

職人「あれは天然杉《てんねんすぎ》さね。それも樹齢《じゅれい》五〇〇年以上のものばかりだ」

——さて、こんな巨木で、大量の杉材を、どこから運んできたのでしょう？

巨木の調達

杉の大木を伐《き》りだしてきたのは妙義山《みょうぎさん》。この妙義山には千年を超える歴史のある「妙義神社」があります。この神社があったことで、神社境内とその背景になっている一帯の山林は自然林がそのまま残り、とくに杉の大木が生《お》い茂《しげ》っていました。ここに、尾高惇忠は目をつけたのです。

妙義なら富岡から一〇キロほど、伐りだしたあとの運搬も、ほぼ下《くだ》り一方、恵まれた

立地条件でもあります。

また、中之条《なかのじょう》の山奥から伐りだした松材などは、利《と》根川《ねがわ》を筏《いかだ》に組んで流し、途中で引きあげて富岡まで運ぶというたいへんな努力をしているのであります。

さぁ、木材の調達先はわかりましたが、これにはたいへんな物語があるのです。そのことをこれから語りましょう。

工事の責任者となった尾高は、地元の住民と杉の伐りだしについてかけ合いましたが、これが苦労いたしました。それはそうですね。神社一帯の木は、ご神木《しんぼく》として大切《たいせつ》にしてきた山林です。これを供出《きょうしゅつ》させようというのですから地元は猛反対、説得も窮地《きゅうち》におちいっています。

尾高「官営製糸場は、日本国の将来がかかっている大事業です。ぜひ、わかっていただきたい」

住人A「ダメだよ。あそこには妙義神社を守る天狗《てんぐ》が住んでるんだ。だいいち、外国の異人さんがきてるっちゅうじゃねぇか。そんなとこのために伐りだせば、天狗が怒って、おれたちに神罰《しんばつ》を与えるに決まってる。ダメだね、よそをさがしな！」

尾高「それがね、これだけ杉の大木がまとまってるとこは、ここしかないんだ。政府のお偉《えら》いさんから、なんとしても来年じゅうには完成させろと厳命《げんめい》を受けている」

住人B「なんといっても、ダメはダメ。なぁ、宮司《ぐうじ》さんよ」

宮司「わしは神に仕《つか》える身だ。神様はなんというか」

などと、なかなか交渉《こうしょう》はまとまりません。

尾高「どうしてもダメか」

住民口をそろえて「ダメなものはダメ、もう、とっとと、帰りな！」

尾高「もういちど考えてくれ！　富岡の製糸場は外国に負けない生糸《きいと》をたくさんつくって、日本の国を豊かにするためなんですぞ。日本国が豊かになれば、わしらを守ってくれる天狗さまだって必ず喜んでくれるはずだ。そう思わないかい？」

尾高は地元民を熱心に説き伏せたのです。「日本のため」という殺し文句に、さすがの住民たちも「納得《なっとく》」せざるをえなかったのです。

もしここで杉材を調達できなかったら、工期は大幅に遅れていたでありましょう。木材調達にはこんな物語もあったのです。

さて、もういちど現場に戻ることにいたしましょう。

石工の現場

ここでは石工《いしく》の職人たちが基礎石を加工しています。ここは西洋風の建物ですから、すべての基礎石を立方体《りっぽうたい》に加工して基礎をつくっているのです。したがって、大きな岩場から切りだしてきたのです。

さてみなさん、こんな大量の基礎石をどこから切りだしてきたのでしょう？

正解は、甘楽《かんら》町小幡《おばた》、連石山《れんせきざん》・長厳寺《ちょうごんじ》というお寺の裏山。ここには現在も石切《いしきり》の跡が残っていまして、しばらく前に吉田《よしだ》文作《ぶんさく》さんという方が摩崖仏《まがいぶつ》を刻《きざ》んで、甘楽町の名所のひとつとなっております。

石切場はわかりましたが、さてその運搬もたいへんでした。なにしろ大きな「切り石」です。もっこでかつぐなどということはできませんね。

だからほらっ、上の絵にあるような台車をつくり、川には橋を架《か》けて運んだようです。

その荷車の車輪になった木製の車が、甘楽町にはいくつか残されています。甘楽町の資料館に行けば、見ることもできますよ。ぜひ、行ってみてください。

製糸場の建っている土地の下は岩盤《がんばん》です。その岩盤の上に基礎石が据えつけられているんです。一〇〇年以上たっても、びくともしていないのは、この基礎石のお陰《かげ》なんですね。すばらしいことです。

さぁ、つぎにいきましょう。

れんが職人の現場

ここはれんが職人の現場、ちょっと変わった赤れんが建物ですね。みなさんは「三匹《びき》の子豚《こぶた》」の話をご存

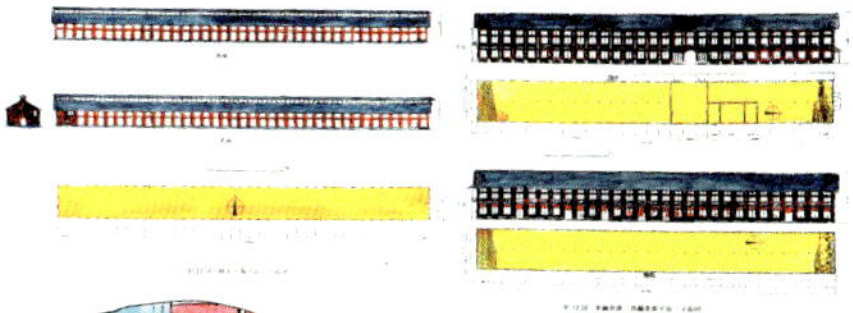

じでしょう。いちばん下の子豚が、こつこつとれんがを積み上げて家をつくるという話です。それで、オオカミから家を守ることができました。見てください。れんがを一丁《ちょう》ずつ、粘土《ねんど》をつけて、ひたすら積み上げていますね。

富岡製糸場の工事では、もうすでに材木で建物が立ち上がり、屋根瓦《やねがわら》まで乗せています。外壁のれんがは、柱と柱の間に積んでいるのです。つまり、れんがは外壁の役割しか果たしていないのです。のちに、これを「木骨《もっこつ》れんがづくり」といっています。

積み方も見てください。れんがの寸法は、長さ二二センチ、幅一一センチ、厚さ五センチになっています。これを、長手《ながて》と小口《こぐち》で交互に積み上げていくんです。これをフランス積みといいます。

ちなみにイギリス積みは、一段目は長手、その上は小口で積んでいきますね。アメリカ積みは長手だけで積むんです。構造的にはイギリス積みがいちばん強いといわれていますが、フランス積みは意匠《いしょう》的にきれいです。

アメリカ積みはコンクリートづくりの外壁に使っているだけです。

世界で日本だけの木骨れんがづくり

――なぜ、こんな工法を取っているのか、ちょうど尾高さんがいますので聞いてみましょう。尾高さん、ご苦労さまです。ちょっと聞いていいですか？　西洋のれんが建物と違う工法ですね。なんでここでは違うのでしょうか？

尾高「ああ、そのことか？　これにはちょっと、いわくがあった。棟梁《とうりょう》たちが、どうしても木でなきゃつくらないというのだよ。あんなれんがで建物がつくれるはずはない、というんだ。ブリュナさんは、れんがでなきゃダメだというしね、困った。それで妥《だ》協《きょう》して、骨組みは木材、外壁はれんがということになったんだ」

――そういうことですか。つまり和洋折衷《わようせっちゅう》、ヨーロッパの技術と日本の技術が合わさって最高のものができる。これはうれしいことですね。それで尾高さん、こんな大量のれんがをどこで焼いているんですか？

尾高「隣町《となりまち》に笹《ささ》の森《もり》という神社があるが、その周辺では昔から瓦《かわら》を焼いていた。粘土も豊富にある。武州《ぶしゅう》の職人たちも駆《か》けつけて、そこで焼いているんだ。これだけ焼くのはたいへんなことなんだよ。それで、れんが職人たちは誇りをもって、れんがに刻印《こくいん》を打っているんだ」

さて、建物のそばにいったら、よく見てください。見つかれば、あなたは幸運の人になりますよ。じつは、刻印は隠《かく》して積むのがふつうで、職人が積み方を間《ま》違《ちが》ったのが見えているのです。だから、数は少ないのです。

また、富岡製糸場全体でどのくらいのれんがが使ってあるでしょうか？　納入《のうにゅう》記録の資料にあるだけで四〇万丁ほど。おそらく五〇万丁ほどは焼きあげたのでしょう。すごいことですね。五〇万丁という、いままで見たこともつくったこともないれんがを焼きあげたのです。

　もうひとつ、尾高さんに聞いてみましょう。

目地に使っている漆喰

――尾高さん、あそこで、職人さんたちが積んでいるれんが、なんでしょうか、白い粘《ねん》土《ど》をコテにつけて積んでいますね。

尾高「ああ、あれね。あれは漆喰《しっくい》なんだよ。ほらっ、蔵《くら》の壁《かべ》などによく使うものだ。西洋ではセメントという材料があるが、日本にはまだない。それで、かわりに使ってる。下仁田《しもにた》の青倉《あおくら》というところから馬で運んでいるが、なにしろ大量なので生産が間に合わない。いま、大号令を掛けているところだ」

――漆喰ですか…、なんでもくふうですね。でも良かった、近くにあって（ちなみに、目地《めじ》に使った漆喰は、現在でも風化《ふうか》せず、赤れんがをしっかり守っています。見た目もきれいですね）。

　最後に、ブリュナさんにインタビューしてみましょう。

――ブリュナさん、すごい建物ですね。あと半年足らずで完成と聞いていますが、ほんとに仕上がるのですか？

ブリュナ「おお、大丈夫ネ。日本の職人さん、優秀ネ。それに、政府が全国から必要な職人をたくさん集めたからネ、いま、現場では五〇〇人以上も働いているよ」

――ボイラーや蒸気エンジンも、フランスから運んだそうですが、お国では、みんな、こんな機械で動かしているのでしょうか？

ワットによる
蒸気機関車の発明
キャラコ
の捺染（なっせん）
大砲

ブリュナ「ヨーロッパでは、もう一〇〇年も前から、機械を使っているよ。人間の力ではできないことが、機械を使えばできる」

――動かすには石《いし》の炭《すみ》が必要とか、これも外国から運ぶのですか?

ブリュナ「ああ、石炭《せきたん》のことネ。石炭は火力が強い。だけど重いよ。遠くから運ぶのはたいへんだよ。でも、高崎《たかさき》というところに亜炭《あたん》層があることがわかったから、もう大丈夫ネ」

ブリュナは、自信満々に答えました。

それから半年後、ついに官営富岡製糸場は完成し操業《そうぎょう》をはじめたのです。時に、明治五年(一八七二)一〇月四日のことでありました。

日の丸演説

ここでユニークなエピソードをひとつ、ご紹介いたしましょう。

富岡製糸場が建設中の明治五年一月のことであります。岩倉具視《いわくらともみ》使節団に随行《ずいこう》した伊藤博文は、アメリカはサンフランシスコで有名な演説をしております。「日本の国旗にある赤い丸は、いままさに洋上に昇らんとする太陽を象徴《しょうちょう》し、我が日本が欧米諸国に伍《ご》して躍進《やくしん》するしるしであります…」。これが名高い「日の丸演説」で、アメリカの聴衆から万雷《ばんらい》の拍手を浴びたそうであります。

伊藤の胸中には、明治維新という改革のなかで、近代日本の第一歩が開かれつつあるという、誇りと自信が満ちあふれていたからの演説でありましょう。それほど、わが国の官営工場に期待をしていたのであります。

この「日の丸演説」には後日談《ごじつだん》があります。

上の絵をご覧ください。左上に鬼瓦《おにがわら》が描かれています。この鬼瓦が、繰糸《そうし》工場の東西と、二棟ある繭《まゆ》倉庫の南北に二つずつ、合計六個取りつけられているのです。まさに「日の丸演説」をデザインした鬼瓦です。洋上、波の上に大きな太陽が昇っていく、たいへんめずらしいデザインです。

海は世界につうじ、輝かしい日の出は日本の将来発展を象徴しています。「日本の発展はここからはじまる。この工場こそがそのさきがけなのだ」という熱き思いが伝わってきますね。富岡製糸場建設の理念が余す所なく表現されています。

富岡製糸場に行ったら、ぜひ見てくださいね。

さて、さて、開国したばかりの日本が、近代国家を築くため、どうしても実現しなければならない工業国家の第一歩がここにしるされたのです。戦後の発展で世界有数の経済大国となり、繁栄《はんえい》をつづけている日本の原点がここにあった、ということを私たちは忘れてはならないでしょう。

次なるテーマは「全国から集まった工女たちの物語」。いよいよ製糸工場の主役たちが登場いたします。

コラム2 鉄水槽と煙突

富岡製糸場《とみおかせいしじょう》には、現在も残る巨大な「鉄水槽《てつすいそう》」があります。横浜製作所に発注してつくりました。四〇〇トン貯水します。鉄板《てっぱん》は四ミリほどの薄いものですから、錆《さ》びないように塗装《とそう》が欠かせません。いまでは、国の重要文化財になっています。

また、製糸場といえば「煙突《えんとつ》」。現在の煙突は四代目です。高さは、三七メートル。初代の煙突は鉄製でした。しかし明治一七年（一八八四）、台風のために崩壊《ほうかい》、そこで急遽《きゅうきょ》、れんが製の低い煙突を三本立てて急場をしのぎました。それから明治三三年、三〇メートルのれんが製の煙突に換《か》えました。

その後昭和一四年（一九三九）、「片倉製糸」に経営が移って、現在も残るコンクリート製の煙突をつくったのです。戦後しばらくは二本の煙突が立っていました。

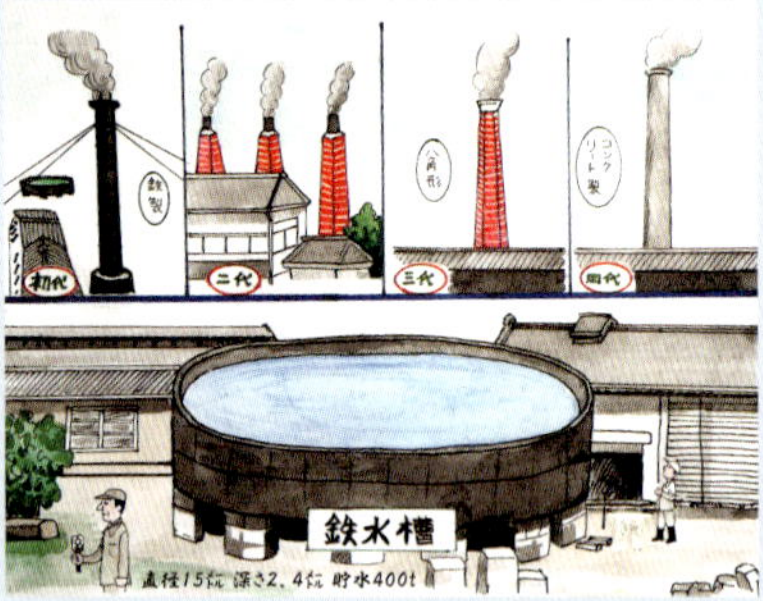

赤れんがクイズ その2

製糸場《せいしじょう》建設は明治初期のころ、機械や運搬車《うんぱんしゃ》もなかった時代です。さて、大量の木材や基礎石など、どこからどのように運んだのでしょうか？

▶クイズの答えと解説は P126 へ

3

全国から集まった工女たち

製糸場《せいしじょう》の主役は工女《こうじょ》さんたちです。官営《かんえい》製糸場の設立趣旨《しゅし》は、「模範《もはん》工場」であり「伝習《でんしゅう》工場」であるとされていました。近代的な器械製糸場を全国に広めるという目的をもっていたのです。したがって、日本全国から工女さんが集まってきました。

ここで技術を習得した工女さんたちは、郷里に開設された製糸場の指導者（教婦）になる使命をもっていました。そのため、一定の知識・教養をもつ女性、当時の武士階級などの子女が多かったのです。就業《しゅうぎょう》期間も短く、半年あるいは一、二年で郷里に帰る工女さんが多かったようです。その「模範・伝習工場」の役割も、各地に製糸場が広まると、その使命は終わります。

ではさっそく草創期《そうそうき》の工女物語を語りましょう。

工女が集まらない

明治四年（一八七一）三月に着工された工事も、順調に進み、完成も、もう半年後にせまっています。初代所長には尾高惇忠《おだかあつただ》が任命されることになりました。いよいよ稼働《かどう》に向けての準備段階にはいってきたのです。

しかしその尾高も、そして政府役人たちも、深刻《しんこく》な顔つきで眉間《みけん》に縦《たて》じわをつくっています。

政府役人「弱りましたね。尾高さん」

尾高「困った。肝心《かんじん》の工女が集まらなくては糸取りができない。工女募集は政府の役目じゃないか、もっと強力に指令を出してもらいたい」

政府役人「それがね、尾高さん、変なうわさが広がっているんだ。富岡《とみおか》の製糸工場には異人《いじん》がいて、若い娘の生き血を飲んでいるといううわさなんだ。そんなことを本気で信じているらしい」

尾高「そうか、なにしろ異人さんはめずらしいからの。金髪《きんぱつ》に青い目、毛むくじゃらで大男だ、赤鬼などと恐れられてるからの」

政府役人「それにしても、生き血を飲むなどと…」

さて、皆さんはもう想像がついているでしょう。フランス人が飲んでいたのは赤ワインなんですね。それで、なんと、明治五年六月、政府は創業に先立って「諭告書《ゆこくしょ》」なる督促文書《とくそくぶんしょ》を全国に通達したのであります。その諭告書には、「生糸《きいと》輸出《ゆしゅつ》が日本の国益《こくえき》に叶《かな》うこと」「富岡製糸場は全国に器械製糸を広めるための模範・伝習工場で、技術を習得した工女は、故郷に帰って指導者になること」などがうたわれていたのでありますが、いちばんのねらいは工女募集なのでありました。文中に、「外国人に生き血を取られるなどと妄《もう》言《げん》をいって、人をおどす者があり、もってのほかだ」とあります。これが政府の公文書なのであります。…こういう時代でありました。

工女第一号は尾高ゆう

それでも工女はなかなか集まりません。困りはてた尾高は自分の娘（ゆう・一四歳）を連れてくることにしました。工女第一号です。これがきっかけで、少しずつ工女が集まるようになったのです。北は北海道から南は九州まで、文字どおり全国から工女たちがやってきました。

なかでも、地元上州《じょうしゅう》をのぞけば、尾高の出身地でもある武州《ぶしゅう》（埼玉県・東京都）、そして信州《しんしゅう》（長野県）、遠州《えんしゅう》（静岡県）、長州《ちょうしゅう》（山口県）などが多かったようです。その工女たちの大多数が諸藩の武家の娘たち、あるいは旗本《はたもと》の子女たちでありました。教育やしつけを受けた、世が世であれば「お姫様」なのであります。

さて、その工女さんのなかでも、信州は松代《まつしろ》出身の横田《よこた》英《えい》という人がいました。のちに結婚して和田英となるのですが、当時のもようを生き生きと語った『富岡日記』という回想録《かいそうろく》を残しています。

うれしいですね。歴史にはかならず、こういうすぐれた人物が登場するのです。ということで、これからの物語は「英」さんが主役になって進行していきます。

信州・松代の工女募集

さて、時は明治六年（一八七三）、正月が明けたばかりのころであります。信州・松代の区長、横田数馬《かずま》の屋敷では、県庁からの通達書を前に長老たちが額《ひたい》を寄せ合っています。

横田「上州富岡というところに官営製糸場ができたという。なんでも洋式の器械で糸取

和田英
富岡日記
和田英
北海道
岩手
長野
宮城
石川
福井
富岡
埼玉
岐阜
京都
岡山
山口
三重
大分
愛媛
熊本
主要な
工女出身地

りをするのだそうだ。政府は富岡製糸を『模範工場』にするという。それでわが区にも一五人の割り当てがあった。だがの、いくら声をかけてもだれも行くものはおらんのじゃ。困った！」
副区長「そうじゃのう、異人がいて生き血を飲むとか、油をしぼられるとか、うわさがたっているからのう」
長老「わしは、こんなことを言う者に出会った。〝区長が娘を出さぬのがなによりの証拠《しょうこ》だ〟と言うのだ」
横田「そんなことまで言われているのか？　こりゃ責任重大だ。娘の『英』は婚約したばかりじゃが、そうは言っておられんの」
　区長の数馬は、さっそく娘の「英」に話しました。
英「おとうさま、私は行きとうございます。以前に、いとこの『よね』さんが東京のメリヤス工場に行ったときから、私も働きたいと思っていたのです。あちらに行けば、学校もあって学問もできるというし、機場《はたば》もあって織物も習えるというじゃありませんか。ぜひ、行かせてください！」
　英の祖父《そふ》は、もちろん武士でありましたが、「たとい女子たりと天下《てんか》の御《おん》ためになるなら参《まい》るがよろしい！」とすすめてくれました。

さて、英が決まると、「お英さんが行くなら私も行きたい」と、つぎつぎに申し出があり、募集人員いっぱいの一五人が決まったのでした。

富岡に到着

時は、明治六年三月二八日、付き添いも入れて二〇名となった一行は、松代を発《た》って富岡に向かいました。上田宿・追分宿《おいわけ》、それから碓氷峠《うすいとうげ》越えで坂本宿と宿を取り、三泊四日の旅。やがて、安中《あんなか》から里山を越えると、はるかに製糸場の高い煙突《えんとつ》が見え、いよいよ富岡に到着したのであります。

さて、到着した翌日の早朝。一行は製糸場の門前に立ちました。朝日に燦然《さんぜん》と輝く巨大な赤れんが建物に圧倒され、英は目を丸くして叫びました。

英「わぁー、なんてすばらしい！　夢じゃないかしら！」

鶴子「お英さん、お城よりおっきいね！　あっ、異人さんがいる！」

役人「さあさあ、驚いてばかりいないで、尾高様がお待ちだよ！」

さっそく、松代の一行は役所にとおされ、尾高所長の歓迎を受けて入場の手続きを終えました。このころは開業からすでに半年がたち、工場は活気にあふれ、煙突からは、もうもうと黒煙が立ち昇っておりました。

最初は繭選別場に配置

休む間もなく、翌日から英たちは仕事場に配属されました。製糸場の場内は一万五千坪という広大な敷地です。作業の開始や終了は、大屋根に取りつけられた、蒸気《じょうき》の笛《ふえ》で合図するようになっています。

松代
上田宿
追分宿
碓氷峠
坂本宿
富岡
力餅
だんご

この蒸気笛は富岡の地に親しまれ、のちにつくられた「富岡音頭《おんど》」という歌にも〝ひびく〜サイレン〜、とみおか〜せい〜し…〟と歌われています。

英たちは朝六時、一番笛で部屋を出て、二番笛で入場します。案内されたのは繭選別場《まゆせんべつば》でした。

取締役「さぁ、ここが、あなたがたの仕事場ですよ。繭の選別には針《はり》の先ほどのシミも見のがさないようにね、粒《つぶ》の大小もよく選《え》り分《わ》けてくださいね！」

れんが建物の中は小さな窓しかなく、風通しが悪いのです。山のように積み上げられた繭の匂《にお》いも、むせかえるようです。

この中に閉《と》じこめられて、毎日の単純な作業を繰《く》りかえしていた英たちは、一日も早く糸繰《いとく》り場《ば》に出たいと思うようになりました。

「勝てば官軍」の名残り

英たちが入場して間もなく、長州（山口県）の工女三〇人ほどが入場してきました。全員が士族《しぞく》のようで衣装も立派《りっぱ》、なかなか上品な「立《た》ち居振《いふ》る舞《ま》い」をしています。

横浜港に船で着き、東京見物のあと、特別待遇の人《じん》

力車《りきしゃ》で富岡に到着するという豪華さでした。

英「ほらほらっ、あれが長州からきた人たちだわ。よかったね、お鶴さん！　これで私たちは明日から糸繰り場に行けるのよ！」

鶴子「うれしい！　お役所の人も約束してくれていたものね、お英さん！」

英たちの再三《さいさん》の要望に、つぎの工女が入場したら糸取りにさせると約束してくれていたのでした。

ところが翌日。英たちにはなんの話もなく、長州の人たちは最初から糸繰り場に配属されたのです。英たちは憤慨《ふんがい》して役所の人に抗議《こうぎ》しましたが、「あれは西洋人の間違《まちが》いだから…」などと言《い》い訳《わけ》を言って相手にしてくれません。

こんなところにも、当時の時代背景があったんですね。長州の工女のなかには、維新《いしん》政府の立て役者のひとり、井上馨《いのうえかおる》の姪《めい》が二人もいたのであります。「勝てば官軍《かんぐん》」の名残《なご》りに英たちは泣かされたのでした。

英の父・数馬が製糸場に

さて、繰糸《そうし》工場には三〇〇釜《かま》が設置されていましたが、まだ、二〇〇釜しか稼働《かどう》していません。当時の工

女数は五五〇人ほどでしたから、糸取りの技術訓練が間に合わなかったようです。その後、英たちも工場内にはいりましたが、最初は「糸取り」ではなく、小枠《こわく》から大枠に巻き取る「糸揚《いとあ》げ」なのでした。

そんなある日のこと、尾高所長の案内で英の父・数馬が突然《とつぜん》現れました。

数馬「おおっ、やってるな、元気か？　じつはな、松代に製糸場をつくることになった。それで、尾高様に教えを乞《こ》いにきたんだ」

父の数馬は、三日間滞在して、器械製糸のようすを隅《すみ》から隅まで視察し、図面や書類なども写《うつ》して帰ったのです。松代に製糸場をつくるという計画を聞いて、尾高所長はよろこび、すぐに英たち全員を「糸取り」に配属してくれたのでした。

松代「六工社」

その後、信州・松代では旧藩士の大里忠一郎《おおさとちゅういちろう》という人物が中心となって出資をつのり、富岡式五〇人繰りの器械製糸場をつくりました。官営富岡製糸場は、「模範・伝習工場」であり、器械製糸を全国に広めるという目的をもっていました。そのため、工女も、広

福井
韮崎
兵庫
北海道
三重
熊本
石川
長野
宮城
FILATCRE MATOLSTIRO
PEDVINCE SHINASO
JAPON
ROKKOSHA
大日本信濃松代六工社
六工社商標（明治10年代）

日曜休日！
年末年始
暑中休暇
八時間労働
見込み書です
日本の近代労働
さきがけの地

く全国に発した「通達」で集められたのであります。

英たちは、明治六年四月に入場して、翌年の明治七年七月には、郷里の製糸場開設のために帰郷しております。実質一年と三か月の富岡滞在でありました。英がのちに「六工社《ろっこうしゃ》」となった製糸場の「教婦」として活躍していることを思えば、明治政府のねらいどおりの役割をはたした工女だったといえるのであります。

なお、富岡を模範とした製糸場は、福井・韮崎《にらさき》・兵庫・北海道、さらには三重・熊本・石川・長野・宮城など、全国に広まったのでありました。

近代労働さきがけの地

さてここで、富岡製糸場で働く英たちの職場環境をみておきましょう。時はさかのぼって明治三年六月、政府と仮契約をしたブリュナは、「見込み書」という計画書を提出しております。よくぞここまでと感動するほど詳細《しょうさい》な計画書なのでありますが、このなかには就業規則《しゅうぎょうきそく》も盛りこまれております。

「職工働き方の定規《じょうぎ》（規準や手本となるもの）は、一週日の内六日と定め、第七日目の日は休息の日とす」つまり、日本の日曜休日は富岡からはじまったんですね。

また、「平生毎日、日の出よりはじめ日没に終わる」。年を平均すれば一日八時間弱の労働だったといわれております。

さらに、開場後には、祝祭日や年末年始、暑中休暇などが決められました。そのうえ、場内にはフランス人医師が常駐《じょうちゅう》した診療所まで建設されたのです。医療費はすべて政府もちでした。まさに先進の就業規則ですね。富岡は「日本近代産業発祥《はっしょう》の地」といわれていますが、もうひとつ、「日本近代労働さきがけの地」でもあったんですね。

製糸場というと「女工哀史《あいし》」とか「野麦峠《のむぎとうげ》」を思い浮かべる人もいますが、富岡製糸場にはそんな悲劇《ひげき》はなかったのです。

工女さんたちの楽しみ

さて休日に、英たち工女はどんな過《す》ごし方をしていたのでしょうか？「春日蝶《かすがちょう》」という工女さんは英と同郷ですが、一年あまりで二一通ほどの手紙を実家に送っています。和田英の『富岡日記』は、それから三三年もたって回想録《かいそうろく》として書かれたものですから、多少の記憶違いがあるかもしれません。その点、「お蝶」さんの書いた手紙は、事実の裏付けとして、貴重な資料になっているのです。

また、女子ですから当然のことではありますが、掃《そう》除《じ》・洗濯《せんたく》・裁縫《さいほう》・手芸《しゅげい》・手習《てなら》い、そして芝居小屋《しばいごや》にもよくかよったと英は回想しています。さらに製糸場のなかでは、運動とストレス解消のために「夕涼《ゆうすず》み」と称して広場に集まり、各地の「盆踊り」を競演《きょうえん》したり、また時には、賄《まかな》い方《かた》の上演する本格的な「芝居」なども演じられていたようであります。

そして、年に数回ですが、楽しい想《おも》い出《で》がありまし

た。桜が咲く春の一日、一の宮・貫前《ぬきさき》神社境内《けいだい》で「お花見」が盛大《せいだい》に開催されました。尾高所長を先頭に、役人・賄い方から、もちろん工女たちほとんど全員が参加したといいますから、総勢七〇〇人にもおよぶにぎやかさでありました。

英「お鶴さん、ほらっ、あそこで三味線《しゃみせん》のお囃子《はやし》、あれは群馬の人たちね」

鶴子「お囃子に合わせて手踊《ておど》りも出てきたよ。遠州の人たちかしら…。私たちもなにか歌いましょうよ」

英「天気もいいし、花は満開。ご馳走《ちそう》もたくさんあるし、こんな楽しいこと生まれてはじめてよね…」

さて、さて、全国から集まった工女さんたちは、家《いえ》柄《がら》もよく、若くてべっぴんさんばかり。さらに毎日、繭《まゆ》の湯気《ゆげ》に当たって肌《はだ》がしっとりと輝き、とても市中の婦人とはくらべものにならなかったと、英は日記に書いています。そのはなやかさが、目に浮かぶようでありますね。

八升取りの栄誉

さて、仕事のことにもどりますが…、工女たちは日々「糸取りの技術」を競《きそ》いあっていました。月給も、

一等工女一円七五銭から、等外工女の七五銭まで四ランクづけされています。

その一等工女の資格は、「繭五升《しょう》取り」が基準とされていましたが、競争してゆくうちに「小田切たの」さんという武州の婦人が八升の記録をつくりました。製糸場はじまって以来の「新記録樹立」であります。

英もこのころは一等工女になっていて、六升取れるようになっていましたが、「たのさんが八升とった。同じ繭で同じ蒸気、私たちもやればできる」と奮発《ふんぱつ》し、八升に挑戦しました。

翌日からは、決してしゃべらず、わき見もせず、はばかり（トイレ）にもできるだけ行かず、どうしても行くときは、かけ足で往復して糸取りに集中しました。三日目、ついに八升取れたのです。

宿舎では「すごい！　お英さんが、八升取りになった！」と、大騒ぎ。一同からの祝福を受け、英も舞い上がるような喜びようでした。

フランス人指導者

さてここで、工女たちを指導してくれたフランス人を紹介しておきましょう。ブリュナはフランスから生《き》

糸《いと》検査技師のベラン、ブラット、また指導工女のクロレンド、マルイサン、ルイズ、アレキサンという六人を連れてきました。また、器械設置などの技術者も多数きていますが、この人たちは仕事が終われば帰国しています。

ベランさんは、ときどき見回りにきて、英たちがおしゃべりなどをしていると、「日本娘、たくさんなまけものあります！」と叱《しか》ったと日記に出てきます。こわい印象だったのでしょうね。

また、アレキサンは、糸取りの技術では一番でしたが、指導していた工女からミカンをもらったことがブリュナに知れ、入場禁止になったとあります。ブリュナはきびしかったんですね。

なお、ブリュナ家族をのぞくフランス人たちは、明治七年三月までには全員が帰国しています。

ある日のことです。工女のクロレンド、マルイサン、ルイズの三人は「貫前神社《ぬきさきじんじゃ》」に行きましたが、同行した取締《とりしまり》が中にはいることを許しません。そのなかでも、マルイサンという工女は病気が癒《い》えず、ちかくフランスに帰国する予定になっていました。それで、ぜひ中を見たいと涙を浮かべて懇願《こんがん》しましたが駄目《だめ》でした。

異人は、肉食をしているので神社がけがれる、というのが理由のようでした。

その場にいた英たちは、かわいそうな彼女たちを慰《なぐさ》めながら製糸場に連れもどしました。その日、英たちは、工女異人館に招待され、ビスケットやブドウ酒などをふるまわれたといいます。もちろん、英たちにとってははじめて口にするものばかりでした。

皇后・皇太后の行啓

さてさて、草創期に入場した工女たちのハイライトは、なんといっても明治六年六月の「皇后《こうごう》・皇太后《こうたいごう》の行啓《ぎょうけい》」でありました。

英たち工女も、政府から支給された新調の「紺《こん》がすりの着物と小倉《こくら》赤縞《あかじま》の袴《はかま》」で迎えました。そして、特別にしつらえられた「便殿《べんでん》」(いまならパーティールーム)でのはなやかな昼餐会《ちゅうさんかい》では、大礼服《たいれいふく》で着飾ったブリュナ夫妻をはじめとするフランス人や政府関係者、県令《けんれい》をはじめとする役人たち、尾高所長をはじめとする製糸場関係者…一幅《いっぷく》の絵を見るような一日だったのでございましょう。

このご行啓をはじめとして、富岡製糸場とご皇室は深い絆《きずな》を結んだのでございます。以降現在まで、ご皇室のかたがたは折にふれて富岡製糸場にお成《な》りになり、記念植樹をされています。また、「行啓一三五周年、七〇周年記念行事」も盛大に開催されています。

そんな端緒《たんちょ》を開いた「皇后・皇太后の行啓」でありました。

さてさて、この行啓のようすは、次のテーマ「皇后・皇太后の行啓」でくわしく語らせていただくこととして、「全国から集まった工女たち」の幕を閉じることにいたしましょう。

コラム3 異郷の地で亡くなった工女たち

工女《こうじょ》の多くは年端《としは》も行かぬ婚期前、しかも郷里にいたときには、大勢《おおぜい》の人にかしずかれていたお姫様たちでありました。夜になると故郷を想《おも》い、両親を想って涙を流しておりました。いまの言葉でいえばホームシックですね。

そして、慣《な》れない環境のなかで病気にかかったときなどは、どんなにつらく寂《さび》しい思いをしたことでしょうか。

和田《わだ》英《えい》の回想録《かいそうろく》『富岡日記』によると、英についてきた一三歳の河原鶴子も「かっけ」に罹《かか》り、英も夜を徹《てつ》して必死に看病《かんびょう》したと記されています。さらには、いろいろな疫病《えきびょう》などもはやったりして、ついに異境の地で亡くなった人も多く、製糸場近くにある龍光寺《りゅうこうじ》や海源寺《かいげんじ》には、「工女の墓」として祀《まつ》られています。

代々の工場主も毎年この墓を訪れ、手厚く「慰霊《いれい》」をしてきたようであります。

赤れんがクイズ その3

「近代労働さきがけの地」であった富岡製糸場でしたが、工女さんたちの労働条件は、当時としては破格《はかく》のものでした。では、1日8時間労働と、もうひとつは何でしょう？

▶クイズの答えと解説はP126へ

4

皇后・皇太后の行啓

富岡製糸場《とみおかせいしじょう》開業の翌明治六年（一八七三）六月、皇后《こうごう》・皇太后《こうたいごう》さまが行啓《ぎょうけい》されました。なぜ皇后さまがこの時期に富岡に行啓されたのでしょうか？　その伏線《ふくせん》が、皇居でのご養蚕《ようさん》にあると推察できるのであります。

古来《こらい》より、日本文化の象徴たるもののひとつは和服でありましょう。それも「絹《きぬ》お召《め》し物《もの》」であります。宮中では伝統的に、その華麗《かれい》なる絹衣をつくりだす「養蚕」に関心を寄せられていたようです。

さて、日本の都といえば「京都」でしたが、維新《いしん》後、皇居に遷都《せんと》されました。これを機に皇后さまは、いち早く皇居内に「ご養蚕所」をもうけられ、養蚕を手掛けられておりました。昭憲《しょうけん》皇后さまは、官営製糸場の完成を聞いてさっそく、英照《えいしょう》皇太后さまともども富岡に行啓されたのでございます。

前編

皇居でのご養蚕

皇居のご養蚕所

さてさて、われわれ庶民《しょみん》には、うかがい知れない宮中のもようでありますが、うれしいことに平成一四年（二〇〇二）、群馬県の「日本絹の里」で「皇室の御養蚕展」という企画展が開催されたのでございます。その資料を参考に、物語を進めてまいることにいたしましょう。

歴史をひもとけば、宮中ではなんと一五〇〇年も前に、時の天皇・皇后さまが養蚕に関心をもたれ、国内《くにうち》の蚕《かいこ》を集められたと『日本書紀《にほんしょき》』に出ているそうであります。現在

昭憲皇后様
日本書紀巻第一
神代上
古天地未剖陰陽
明治4年
大正
昭和
平成

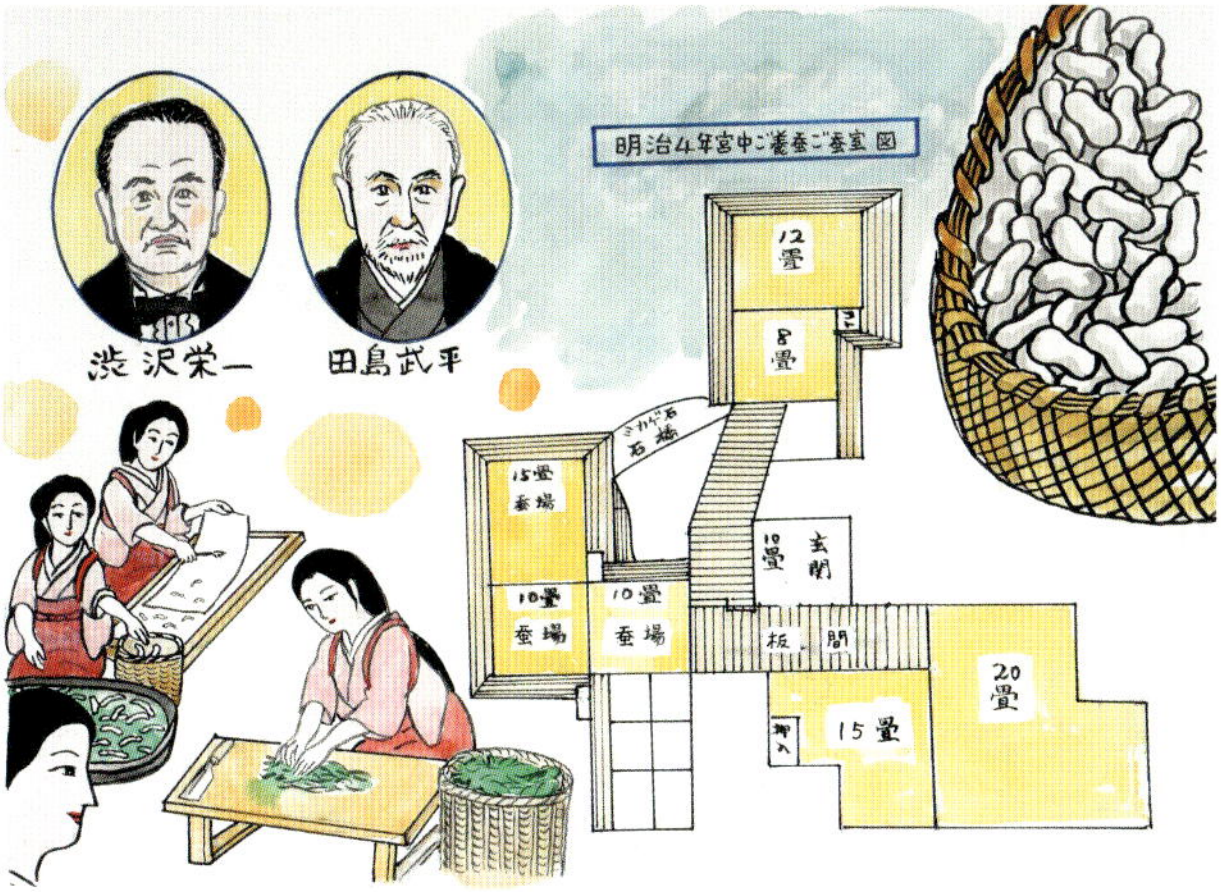
渋沢栄一
田島武平
明治4年宮中ご養蚕ご蚕室図
12畳
8畳
ミカゲ石
石橋
15畳
蚕場
10畳
蚕場
10畳
蚕場
10畳
玄関
板間
20畳
15畳
押入

でも皇居でご養蚕をされていますが、その伝統は、明治四年、奇《く》しくも官営富岡製糸場が着工された年でありますが、明治天皇のお后《きさき》、昭憲皇后さまがはじめられたのだそうであります。それから、明治・大正・昭和・平成と、時の皇后さまが中心になってつづいているのであります。

さて、お蚕《かいこ》を飼ってみたい、と思われた皇后さまは、侍従《じじゅう》に問いかけました。

皇后さま「宮中において養蚕をはじめたいが、どのようにしたらよいか、その道の知識・経験のある者は、あらっしゃいませぬか？」

それにこたえたのが、ほかならぬ渋沢栄一《しぶさわえいいち》でありました。渋沢は、いまの埼玉県深谷《ふかや》市血洗島《ちあらいじま》の出身で、群馬県の島村とは隣接する同郷であります。

それで渋沢は、養蚕に精通《せいつう》している島村の郷長《ごうちょう》であった田島武平《たじまぶへい》を推挙《すいきょ》いたしました。武平は、島村村内から養蚕に練達《れんだつ》した四名の婦人とともに上京し、あらたに建築されたご養蚕所にまいったのであります。このときの蚕室は皇居・吹上御苑《ふきあげぎょえん》内で、初年度に収穫された繭《まゆ》は約七〇キログラムであったと記録に残されております。

皇后さま、御手《おんて》ずから蚕を育て、あの輝く繭を収穫された喜びはいかばかりでありましたでしょうか。その感動が「官営製糸場」を見たいという思いになったのでしょうね。

さて、みなさんは養蚕について、ご存じでしょうか？

まずは、シルクストーリー、養蚕から製糸、織物までの物語を語ってみましょう。

お蚕の一生

お蚕はその昔、「眉蚕《まゆこ》」などとも、呼ばれていたようですね。人間の眉毛《まゆげ》に似ていたからでしょう。蚕は毛虫の一族で昆虫です。ですから、メスが産みつけた卵から孵化《ふか》し

1 産卵中.蛾
2 ふ化
3 桑の葉を食べ
成長するかいこ
4 成蚕

て、その一生がはじまります。

繭の中のお蚕は、さなぎに変身し、さらに蛾《が》になって繭から出てきます。そして、紙の上に卵を産みつけます。これを関係者は「種紙《たねがみ》」などといっていますね。

その卵は一定の温度になるといっせいに孵化します。孵化した幼虫はまさに毛虫、体長は三ミリほど。これを鳥の羽根を使って、やさしく飼育ベッドに落としてやります。この作業を「掃《は》き立《た》て」といっていますが、宮中では「御養蚕初《ごようさんはじ》めの儀《ぎ》」として重要な儀式にしております。

その後、お蚕は四回の脱皮《だっぴ》をしながら成長するのです。脱皮ごとに大きくなって、やがて体が透《す》きとおってきます。これが「熟蚕《じゅくさん》」ですね。私たちの地方では「ずう様」などとも呼んでいます。みんな蚕には敬語を使っているんですね。飼育している農家にとって、それほどありがたい虫なのです。

ここまでで、孵化したての「毛蚕《けご》」から一万倍にも成長するといいます。すごいんですね、お蚕さまは…。

さて、皆さんもご存じのように、蚕は桑の葉しか食べません。ヒマラヤ地方が原産で、六千年も前から人間が飼いつづけ品種改良をしてきましたので、かつての野性味を失っています。そのいちばんの特徴は、桑の葉を待ちつづけ、けっして移動しないことでしょう。桑を食べ尽《つ》くしても、探しになんか行きません。じっと待ちつづけるのです。飼《か》うのに、これほど扱いやすい習性はありません。

熟蚕は、もう桑の葉は食べません。それを一つひとつ拾《ひろ》って、繭のつくりやすい「まぶし」に移動させてやります。これが「上蔟《じょうぞく》」という作業で、「おかいこあげ」などともいっています。宮中ではいまでも「藁《わら》まぶし」を使っているようですが、その藁まぶしを皇后さまみずからつくられているという記録もありました。

その「まぶし」の中でお蚕さまは、体中にためたタンパク質のゼリーを糸にして口からはきだし、首を振りながら繭をつくっていきます。繭をつくるのに、孵化してからだいたい二五日くらい。お蚕さまはこの間《かん》、五グラムの桑を食べ、〇・五グラムの糸をはきだすそうであります。お蚕さまは、とても働き者なのですね。

さてそれから、繭かき、毛羽取《けばと》りをして「御養蚕納《ごようさんおさめ》の儀《ぎ》」で終了します。

シルクストーリーの完結

皇居でのご養蚕は、現在、美智子《みちこ》皇后さまが受け継がれておりますが、ここで、ありがたいエピソードをひとつご紹介いたしましょう。

平成五年（一九九三）のことであります。国宝の「奈良・正倉院《しょうそういん》」で所蔵する工芸品の復元計画が進められていたのでありますが、一二〇〇年前の織物に使われていた生糸《きいと》が、もう生産されていません。

このとき、御養蚕所で「小石丸《こいしまる》」という古い品種を飼育されていることがわかり、ご下賜《かし》くださるようお願いをされたのでございます。美智子皇后さまは戸惑いももたれた

1 天皇陛下臨席
繭献上図
2 美智子皇后様
養蚕
3 小石丸と 普通丸
4 正倉院
ネクタイ
5 まゆと生糸
小石丸
欧
日
シルクスカーフ
訪問着

ようでありますが、喜んで申し出を受けられました。それから毎年、御養蚕所の「小石丸」が正倉院の復元織物となって、日本文化の保存に貢献されているのでございます。

そして、シルクストーリーの完結はというと、繭から製糸・染色・機織《はたお》りとつづき、最終的には和服や洋服に仕立てられ、また、スカーフやタペストリーなどの装飾布となり、多くの人びとに愛される「もっとも美しく、肌触《はだざわ》りのよい」シルク製品になるのでございます。

養蚕の現況

さてさて、皇居でいまもつづけられているご養蚕ですが、平成の時代にはいり、養蚕農家は激減しています。かつては日本じゅうで飼われていたお蚕さまも時代の波に勝てず、風前《ふうぜん》の灯火《ともしび》のように、さみしい思いをされているのでございます。富岡製糸場のお膝元《ひざもと》、甘楽《かんら》・富岡地域でも、かつては八千軒以上あった養蚕農家が、いまは二〇軒を下回るほどになってしまいました。この先も減少するのでしょうね。

この状況は、「絶滅危惧種《ぜつめつきぐしゅ》」に指定されてもおかしくないほどなのです。まぁ、それはともかく、貴重《きちょう》な日本の文化でもあります。一日も早く、本格的な保存対策がとられるように、皆さんもぜひ、応援してください。

さて、このことを実感するきびしい現実がありますね。いまや日本全国で二か所の製糸場しか稼働《かどう》していないという現実です。群馬県安中《あんなか》市の「碓氷《うすい》製糸」、もうひとつは山形県鶴岡《つるおか》市の「松岡製糸」、この二か所だけになっております。

さてさて、こんな現実に出会うと、さみしさがつのりますので、お待ちかねの「皇后・皇太后さまの行啓」に話を進めてまいりましょう。

後編

皇后・皇太后の富岡行啓

ご出立

さてところ変わり、東京は皇居。時は明治六年（一八七三）六月のことであります。富岡製糸場が開業したのは、その前年の一〇月でしたから、開業してわずか八か月後のことです。皇后《こうごう》・皇太后《こうたいごう》の行啓《ぎょうけい》が挙行《きょこう》されました。

ご出立は六月一九日午前八時、皇后・皇太后さまは宮中の侍従《じじゅう》や女官《にょかん》を従えられ、近《この》衛《え》騎《き》兵《へい》半個小隊の先導《せんどう》で、赤坂仮御所をご発車されました。おふたりは、馬車にご同乗でございました。中山道《なかせんどう》を下り、夕刻、最初のご宿所、大宮《おおみや》町の本陣《ほんじん》にお着きになられました。この日は雨もようでしたが、沿道《えんどう》の松並木はきれいに洗われ、道路も修繕《しゅうぜん》し、道沿いのご不浄《ふじょう》などは板で囲われて厳粛《げんしゅく》に清められていたそうであります。

その翌日も雨の中を出発し、熊谷《くまがや》本陣に宿泊されました。三日目は新町《しんまち》本陣で宿泊されましたが、その翌朝になると、新町・吉井《よしい》の間にある橋が鮎川《あゆかわ》の増水で流され、出立できません。急遽《きゅうきょ》、県令《けんれい》が大号令をかけて流された橋を修復し、その翌二三日には一路富岡に向けて発車されたのでございます。仮橋は歩いて渡られたそうでございます。

新道「富岡製糸場通り」

さて長い間、京都におられたご皇室でございます。上州《じょうしゅう》に行啓されるなどは有史以来はじめてのこと、政府も県もたいへん緊張《きんちょう》しておりました。とくに中山道を離れて富岡に向かう道は、往時《おうじ》、粗末《そまつ》なものでありましたので、通称「製糸場通り」なる新道をつ

皇居
大宮
熊谷
新町
鮎川

浅間山
妙義山
大桁山
荒船山
製糸場
流木だ〜気をつけろ！
旧前田別邸
船着場
瀧見の茶屋
製糸場通り
新町
中栗須
動堂
落合
吉井
福島
富岡

くられたのだそうでございます。新町～中栗須《なかくりす》～動堂《ゆるぎどう》～落合～吉井～福島～富岡。これが「製糸場通り」でございました。

さて吉井本陣、堀越文右衛門《ほりこしぶんえもん》宅でご休憩《きゅうけい》を取られたご一行が、福島を過ぎて鏑川《かぶらがわ》にさしかかれば、あらたに架橋《かきょう》された新橋も大雨のために流されておりました。もともと富岡の町は、御陣屋要害《ごじんやようがい》という戦略的な配慮《はいりょ》から、鏑川には橋を架けず渡し船を使っておりました。それでご一行も伝馬船《てんません》という小さい渡し船で渡られたのでございます。増水して急流となった鏑川、皇后さまもさぞこわい思いをされたのでございましょう。

そしてお疲れもみせず、午後一時二〇分、富岡・七日市《なのかいち》の旧藩主前田利昭《まえだとしあき》公の館《やかた》にご到着されたのでございます。

女官の下見

さて、前田利昭邸にお着きになった両宮さまは、玄関脇の書院に旅装《りょそう》を解かれ、ここに三日間ご駐泊《ちゅうはく》されることになりました。そしてさっそく、翌日の下見検分《したみけんぶん》のために女官数名を富岡製糸場に差し遣《つか》わされたのでございます。下見のもようについては、和田《わだ》英《えい》『富岡日記』によることにいたしましょう。

ご巡幸の前日、女官の方が五、六人ご来場になりました。越後《えちご》ちぢみの、かすりの「おかたびら」を召《め》して、帯《おび》は「お下げ帯」でございました。白の「リンス」でありまして、両端に芯《しん》が入り、太く、丸く、六寸《すん》（約一八センチ）ほどあります。それを結んで下げておりますから、なかなか珍《めずら》しく感じます。お髪は、昔の「しいたけたぼ」よりひときわ「びん」が張っております。まげは実《じつ》に小さく、笄《こうがい》（髪に

書院

挿《さ》す櫛《くし》ですね）は一尺《しゃく》（約三〇センチ）余もございます。おしろいは真っ白に付けておりましたから、場内の者は残らず笑いました。（『富岡日記』）

このとき、英は一七歳。ほかの工女《こうじょ》さんたちも、ほとんど二〇歳《はたち》前、箸《はし》がころんでもおかしいという世代です。見たこともない宮中の人たちの姿にびっくりし、おかしかったんでしょうね。

もちろん、お役所からは、たいそうなお叱《しか》りを受けました。部屋長《へやちょう》が各部屋をまわり「明日は両陛下《へいか》のお成りだ、笑った人には、きっと罰を申しつけるから、気をつけるように！」と、ふれ歩いたそうであります。

ご行啓当日

さて、明くれば六月二四日。いよいよ行啓の当日であります。両宮さまは、正装した熊谷県令・河瀬秀治《かわせひでじ》の先導で富岡製糸場にお成りになりました。「うやうやしく正門前にお出迎え申し上げたる所長の尾高惇忠《おだかあつただ》は恐懼《きょうく》して先導に立ち、まず、『繭選《まゆえ》り場《ば》』よりご案内の上、つづいて製糸場において繰糸《そうし》の作業をご覧にそなえ、かしこみて、詳細のご説明を申し上げた…」

と片倉製糸《かたくらせいし》紡績《ぼうせき》発行の『富岡製糸所史』に記載されています。

この日の皇太后様の御衣装は藤《ふじ》色に菊《きく》びしの織り出しのある錦《にしき》、皇后様は萌黄《もえぎ》に同じ織り出しの錦でございました。そして、お下げ髪の先に白紙の三角とせるがつき、檜扇《ひおうぎ》を持たせられ、しずしずと玉歩《ぎょくほ》を移させたまったのでございます。しとやかに従う女官たちも同様な髪飾りで、やはり檜扇を手にしております。（『富岡日記』）

製糸場視察

さて迎えた工女たちも、衣装はすべて新調。おそろいの紺《こん》がすりの仕着《しき》せと、小倉《こくら》・赤縞《あかしま》の袴《はかま》、手ぬぐいを両襟《えり》に下げ、繰糸器《そうしき》の前に並んでおりました。両陛下がおはいりになる前には蒸気《じょうき》も車も止め、工女一同は手をひざに置き、下を向いて緊張《きんちょう》しておりましたが、繰糸場にお成りになるといっせいに蒸気がとおり、繰糸器も動きだし、赤襷《あかだすき》を素早く掛け、繰糸に取りかかりました。

「神々《こうごう》しき御龍顔《りゅうがん》を拝《はい》し奉《たてまつ》り、自然に頭が下がりました。私はこの時、もはや神様とよりほか、思いませんでした。この時の有《あ》り難《がた》さは、只《ただ》今《いま》まで一日も忘れたことはありません」と、和田英は『富岡日記』に書いています。

さてこのころ、製糸場一の糸取り名人は、フランスからきた指導工女のアレキサンという人でした。繰糸器についたアレキサンは、両陛下の前で巧《たく》みな糸取りの技《わざ》を披露《ひろう》し、皇后さまの目を奪われたのでございます。二〇分ほどもその場に立ち止まって、ご覧《らん》になったといいますから、その技術は群を抜いていたのでありましょう。

さてその後、両陛下は西繭倉庫《にしまゆそうこ》の「便殿《べんでん》」にて、ご休憩遊ばされたのでございます。

華やかな昼餐会

さて、その便殿では、フランス人、ポール・ブリュナ夫妻が拝謁《はいえつ》をおおせつけられたのでございます。

お言葉を賜《たまわ》った夫妻は無上の光栄に、感激おくあたわず、自国より連れ来る料理人にして、心こめたる洋食（フランス料理）を調理せしめ、謹《つつし》んで共進《きょうしん》し奉《たてまつ》り、また同時に、ブリュナ夫人のピアノ奏楽《そうがく》を以《もっ》て御旅情を慰《なぐさ》めまいらせた。

またこの時、お付きの方より工女たちに「鬼事《おにごと》」の遊戯《ゆうぎ》をしてお目にかくるようとの仰《おお》せがあり、一同恐れながらはだしとなり、無邪気《むじゃき》に喜戯《きぎ》をご覧に供《きょう》すれば、両陛下微笑《ほほえ》ませ給《たま》え、女官たちも笑いさざめき、一段と興趣《きょうしゅ》加わりたり。

（『富岡製糸所史』）

と伝えられています。

鬼さん こちら 手の鳴る ほうへ

さてこのときのご褒美《ほうび》として、それぞれに銀色、菊・桐《きり》の紋様《もんよう》のはいった女扇子《せんす》と半紙一折りを賜りました。このご縁で「扇子」が富岡製糸場のシンボルになりました。行啓記念碑の台座、ブリュナ館の緞帳《どんちょう》にも使われています。

ブリュナ令夫人

さて和田英の『富岡日記』には、こんな描写も残されています。

ブリュナ婦人は実《じつ》に美しい人でありました。服装はいつも美事《みごと》でありましたが、ご巡幸《じゅんこう》当日の服装は実に眼を驚かせました。あれが西洋の大礼服《たいれいふく》と申しますのか、胸《むね》と腕《うで》とは出しまして、白のレエースのような品に桜の花のような模様《もよう》がありまして、その下にも同じような品で二枚重ね、一番下に桃色の服を着ております。その色が上まで透《す》き通《とお》りますから、その美しく神々《こうごう》しいこと何とも例《たと》えようがありません。すそは六尺ほども引いておりました。そして、白ビロードのような帯を結んでいました。顔には網をかけ、えり飾り、うで

飾り、耳飾りをいたしまして、帽子は白き羽根《はね》飾り、その美事なことは、筆にも尽くされぬほどでありました。

一七歳の英は、はじめて見る西洋の貴婦人の姿に、眼を見張ったのでしょう。ちなみに、ブリュナ婦人は、当時二〇歳。富岡滞在中に、ジョセフィーヌ、マグドレーヌという二人の可愛《かわい》い女子を出産しております。富岡生まれのフランス娘、ロマンを感じますね。

皇后様の詠じられた和歌

さて、昭憲皇后さまは皇室の中でも歌詠《うたよ》みとして評判の方でありましたが、富岡行啓中に四首の和歌を残されております。そのなかでも富岡製糸場で詠まれた御歌は、官営製糸場の意義、価値を余すことなく表現されて、後世の私たちまでもが感激、感動、感涙《かんるい》までするのでございます。

糸車　とくもめぐりて　大御代《おおみよ》の
富をたすくる　道ひらけつつ

とる糸の　けふ《きょう》の栄《さか》えを　はじめにて
引き出《いだ》すらし　国の富岡

いかがでしょうか。この時代は、日本の貿易輸出の五〇パーセント以上が「シルク関連」でしたから、まさに将来の日本（大御代）の発展は糸車から生まれる。その大元《おおもと》がこの富岡なのだという昭憲皇后さまの思いでございます。尾高所長はもちろん、渋沢栄一も伊藤博文《いとうひろぶみ》も、よくぞここまで表現してくださったと感激の涙を浮かべたのでございましょう。

かくて両宮さまは「官営製糸場」を非常に熱心に、くまなくご巡覧《じゅんらん》を終えられ、午後二時一〇分、前田旧邸へとお帰り遊ばされたのでございます。

ご還幸

さて、陛下《へいか》がお帰りになる事を「ご還幸《かんこう》」というのだそうですが、このときには英たち工女全員が、場内の広場にそろってお見送りをいたしました。そして、行啓が終了した製糸場の中では、一同うちそろい、陛下から下賜《かし》されたお酒を並べ盛大な祝宴《しゅくえん》がもうけられたのでございます。

この日はなにをしてもよいとのお達《たつ》し、さしずめ無礼講《ぶれいこう》と申しましょうか、みんな芸尽くしをするようにとのお達しもありました。

英たち長野出身の工女も、取締《とりしまり》にうながされて松代《まつしろ》の盆踊りをしました。最初はみんな引《ひ》っ込《こ》み思案《じあん》でしたが、四、五人が踊りだすと、ひとり加わりふたり加わりして、ほとんど全員が輪の中にはいりました。そのにぎやかなこと。尾高所長も拍手喝采《はくしゅかっさい》でした。

作りなす瀧にはあらで面白く
おのれと落つる音の涼しさ
つみのこす桑の林に風たちて
夕立すなり富岡のさと
昭憲皇后様
皇后御歌

[illegible]がたくさんでて競演《きょうえん》になりました。これ以来、なにかにつけ製糸場内では[illegible]自慢の各地競演が演じられるようになったのです。

往路・復路の道すがら

さて、富岡に三日間滞在した両宮さまは、翌六月二五日、帰路のご発車になりました。往復路の道すがら、昭憲皇后さまは二首のお歌を詠まれております。往路では、富岡のはずれ、鏑川の渡し場にあった前田家別邸「滝見《たきみ》の茶屋」で休憩時…。

作りなす　滝にはあらて　面白《おもしろ》く　おのれと落つる　音の涼しさ

ちなみにこの滝は、現在でも変わらぬ風情で流れています。
また復路には、沿道の風景をご覧になって…、

つみのこす　桑の林に　風立ちて　夕立《ゆうだち》すなり　富岡のさと

うれしいですね、皇后さまのお歌は…、郷土の誇りです。
往路も復路も雨にたたられた行啓でしたが、六月二八日午後三時七分、皇居に御安着され、一〇日間の旅を終わられたのでございます。

これで明治六年六月に挙行された皇后・皇太后行啓の項を終わります。いよいよ次なる項は、最終の物語「世紀を超える歴史ものがたり」になります。

コラム4 鏑川の鮎漁

富岡郷と住民にとって、皇后さまをお迎えするなどという名誉は有史以来のありがたきこと、どんなふうに歓迎したらよいか頭を悩ませたのでありましょう。それで、清流・鏑川《かぶらがわ》の「鮎漁」をご覧いただくことになりました。

製糸場にほど近い桐渕《きりぶち》という地にも渡し場がありました。その北岸に、通称モンク岩という大岩がありました。その上に幔幕《まんまく》を巡らせて両宮様が着座され、しばしのご遊覧を楽しまれたのでございます。

この当時の鏑川は、水量も豊富で海から遡上《そじょう》した鮎が群れをなし、伝統的な漁法を使う漁師たちがたくさんいました。漁師たちにとっても天覧の鮎漁、対岸には両宮様のご尊顔《そんがん》を仰ぎ見たいと、大勢《おおぜい》の町民が集まりました。そして、その夜の夕餉《ゆうげ》には、献上《けんじょう》の「香魚《こうぎょ》」、若鮎の香りをご賞味遊ばされたと伝えられています。

赤れんがクイズ その4

養蚕《ようさん》は、現在の皇居でも行われている重要な行事ですが、これは、古くはいつごろから行われていたのでしょうか？　その歴史は？

▶クイズの答えと解説は P127 へ

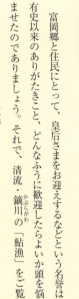

5

世紀を超える歴史ものがたり

これまで「富岡製糸場草創期《とみおかせいしじょうそうそうき》のものがたり」を語ってまいりました。

その後民営化《みんえいか》され、三井《みつい》・原《はら》・片倉《かたくら》と所有者がかわり、時代の変化に対応しながらも一一五年という長きにわたって操業《そうぎょう》をつづけてきたのです（昭和六二年、一九八七年に操業停止）。

操業停止後も、片倉工業さんの完璧《かんぺき》な保存管理がなされ、群馬県知事による世界遺産構想が生まれました。そして、富岡製糸場のもつ歴史と価値が大きく評価され、平成二六年（二〇一四）には「ユネスコ世界文化遺産」に登録されたのです。さらに同年、主要建造物（繰糸《そうし》工場、繭倉庫《まゆそうこ》など）は国宝にも指定されました。

その世紀を超える歴史ものがたりを、これから語ってまいります。

富岡製糸場　第一段階　首長ブリュナ

まずは左の写真をとくとご覧《らん》ください。この写真は、創設期《そうせつき》のフランス人指導者たちがそろって写っている貴重《きちょう》な写真であります。後列右から二人目の白い服の人物にご注目ください！　富岡製糸場創設期の偉大《いだい》なる功労者、ブリュナです。

冒頭《ぼうとう》にこの写真を取り上げたのは、このフランス人たちの存在なくして富岡製糸場を語ることはできないからであります。

創業から数年で、本場フランス・イタリアの生糸《きいと》にも劣らないと「日本生糸」の名声を世界に広めたのも、ブリュナのすぐれた能力によるところが大きかったのです。ブリュナはまことに得《え》がたい人材でありました。

フランス人一行
Wine

富岡製糸場　第二段階　尾高惇忠

富岡製糸場第二段階といえば、創業後三年で早くも日本人がすべての指揮《しき》をとることになったことです。その主役が初代所長・尾高惇忠《おだかあつただ》でした。

尾高は実務にすぐれ、どんな難題もみずから行動し解決していきました。工女《こうじょ》募集で「異人《いじん》は若い娘の生き血を飲む」とのうわさが広まったときも、一四歳の我《わ》が子「ゆう」を工女第一号にして苦境を乗り切りました。

また、当時の養蚕《ようさん》は年一回でしたが、「秋蚕《しゅうさん》」の提唱をしたのです。のちに、蚕《かいこ》の種《たね》紙《がみ》を風穴《ふうけつ》で冷温保存するというシステムが確立しましたが、尾高はこの当時から、複数回の「掃《は》き立《た》て」を構想していたのであります。

製糸場功労者であるブリュナの契約期間が満了したときも、政府高官から「ブリュナのすぐれた資質で経営は順調だ。多大な経費がかかるが、この際、再契約をしたらいい」という意見も出ましたが、尾高は、「外国人に頼らなければ運営できないというのでは世界に笑われる」と、ブリュナを退任させたのです。尾高には、「日本の国益」という視点があったからなのですね。

しかし、その尾高も経営方針で政府との見解の相違《そうい》が生まれ、明治九年（一八七六）に富岡を去っています。尾高はその後、渋沢栄一《しぶさわえいいち》がつくった第一国立銀行盛岡《もりおか》支店の支配人になりました。約一〇年間ですが、この間に岩手県経済界に新風を吹き込み、地場《じば》産業の発展に力を尽《つ》くしたのです。その功績で、盛岡市の「先人記念館」に顕彰《けんしょう》されているほどなのです。尾高がその後も富岡製糸場の経営に当たっていたら、どんな成果をあげたでしょうか。「たら」は歴史にはありませんが、気になるところではありますね。

内部
荒船の風穴
深谷市下手計 尾高生家
秋蚕の提唱
渋沢栄一
尾高惇忠
工女第一号
尾高ゆう(一四歳)

国立第一銀行盛岡支店
盛岡市先人記念館
尾高惇忠
盛岡実業交話会で若年経営者を養成

富岡製糸場　第三段階　速水堅曹

つぎなる段階は、官営から民営への移行であります。その主役となったのが速水堅曹《はやみけんそう》でありました。

製糸業に対する豊富な知識や技術をもっていた速水は、明治八年（一八七五）、政府から依頼されて富岡製糸場の「利害得失《とくしつ》調査」をいたしました。その結論として、将来は民営化すべきだと直言《ちょくげん》しました。その翌年、非凡な経営者であった尾高惇忠が富岡を去ると、製糸場の経営は一気に低迷してしまいました。

その対策に苦慮した政府は、明治一二年、速水堅曹を富岡製糸所長に推挙《すいきょ》したのです。

所長に就任した速水は、自分の使命は民営化だと奔《ほん》走《そう》しますが、時期尚早《しょうそう》、成果のあがらぬまま、いったん辞職いたします。そして明治一八年、二度目の所長に就任した速水は、さらに民営化への道を模索していったのであります。

その後も紆余曲折《うよきょくせつ》がありましたが、ついに明治二六年九月、「入札公売」が実現し、三井家に落札《らくさつ》されたのであります。速水堅曹の執念《しゅうねん》が勝ったといえるでありましょう。

三井家の経営

明治二六年（一八九三）九月から三井家の経営になりますが、名義は三井銀行部でありました。民営ですから当然のこと、経営改革が断行《だんこう》されました。そのいくつかをみてみましょう。

まず、従来の日給制度を歩合《ぶあい》制にし、食料補助も廃止しました。これには工女さんたちも大いに不満をつのらせ、七日間のストライキをしたといいます。日本で最初のストライキかもしれませんね。結局、工場側が譲歩《じょうほ》して落着《らくちゃく》し、工女さんたちは、七日市《なのかいち》の金剛院《こんごういん》で「祝賀大園遊会」を開催したそうです。工女さんたちの心意気《こころいき》ですね。

また、生糸《きいと》の輸出先を、従来のヨーロッパ中心から大マーケットのアメリカ中心に変えました。さらに、繰糸《そうし》機械の改良にも着手し、ケンネル式という国産繰糸機にすべてを変えたのです。

さて、その三井も一〇年ほどで、富岡製糸場はともかく、名古屋《なごや》・四日市《よっかいち》などの工場が採算がとれず製糸業から撤退し、「原合名会社」に売却することになるのであります。

原合名会社の経営

こうして明治三五年（一九〇二）から「原合名会社」の時代にはいります。

原製糸は各地に養蚕《ようさん》共同組合を設立させ、生産者から直接購入するシステムをつくりました。これによって、蚕種《さんしゅ》・養蚕・製糸が一本の線で結ばれ、品質向上に大きく前進しました。ちなみに、原家といえば、横浜に広大な「三渓園《さんけいえん》」をつくったことで有名ですね。

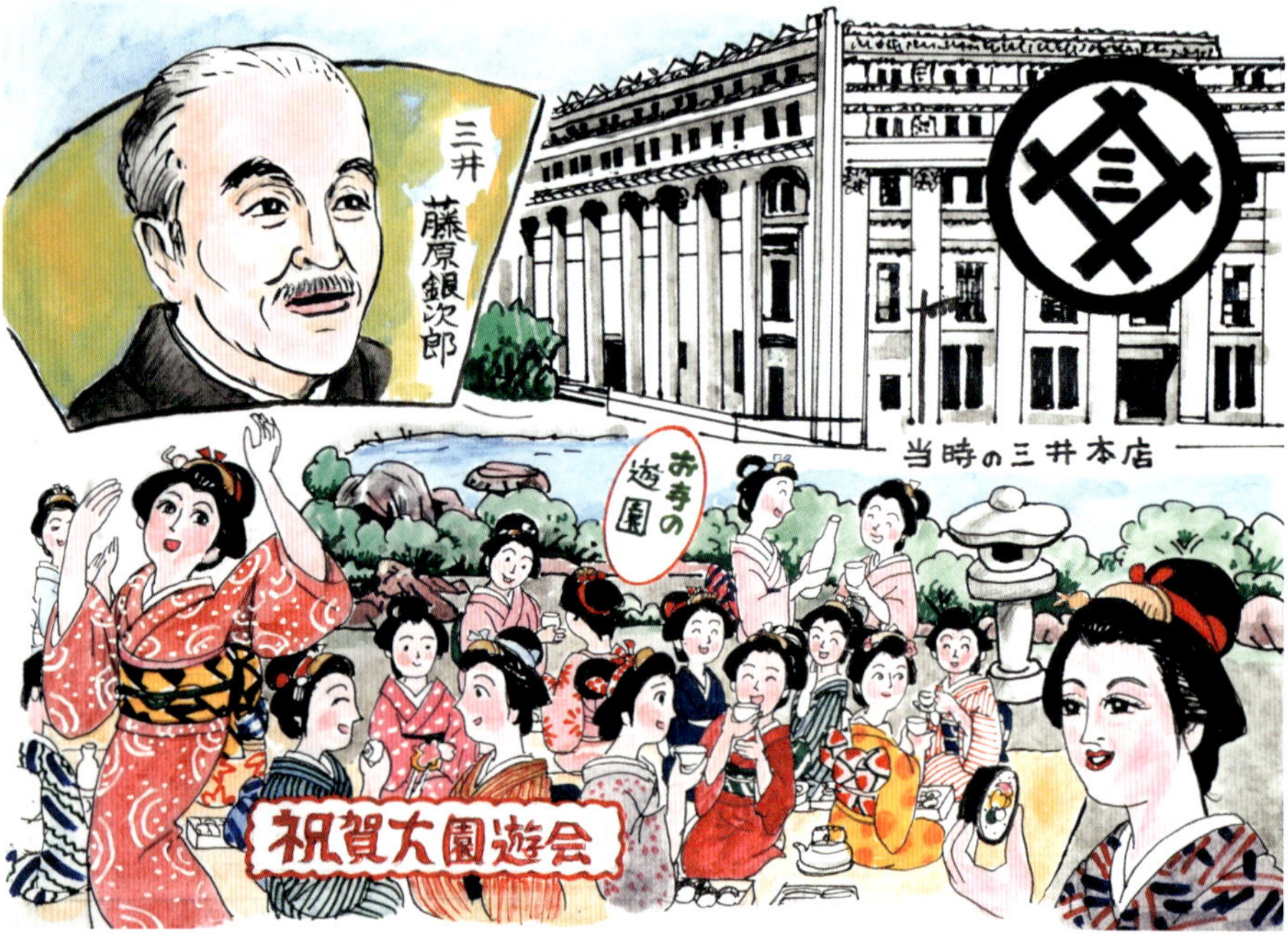
三井
藤原銀次郎
当時の三井本店
お寺の遊園
祝賀大園遊会

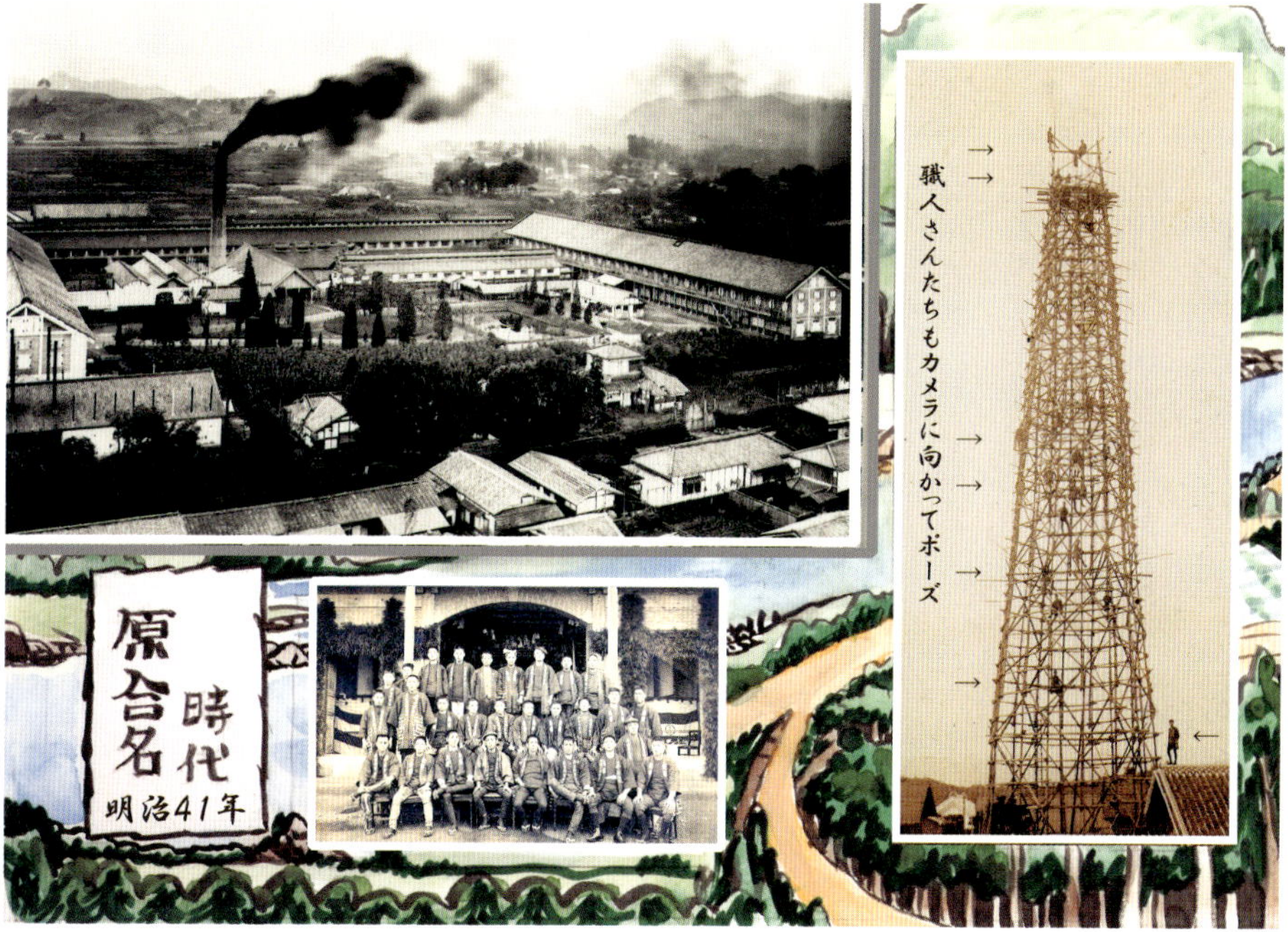
原合名時代
明治41年
職人さんたちもカメラに向かってポーズ

さて前ページにある写真ですが、これは明治四一年撮影の製糸場全景写真です。撮影者は富岡の田島写真館でした。右側には竹足場で組んだ櫓《やぐら》が立っていますが、この上から撮影したのです。

高さは一五〇尺《しゃく》、約四五メートルもの高さです。高所恐怖症であった写真館のご主人は上に立つことができず、弟子《でし》がシャッターを切ったという逸話《いつわ》も残されています。湿式ガラスの原版は数点、現在も富岡製糸場の蔵に保存されています。櫓の写真には職人さんたちが一七、八名、記念撮影のように写っています。

下の写真は、その職人さんたちの集合写真ですね。周辺には杉の葉をモールにした飾りがあり、アーチの奥には「万国旗《ばんこくき》」が飾られています。こんな装飾があるところをみると、なにかの祝賀記念、つまり、皇后《こうごう》・皇太后行啓《こうたいごうぎょうけい》三五周年の記念事業として撮影されたものと想像できるのであります。

工女さんにインタビュー

ここで原合名時代に働いていた工女さんの想《おも》い出《で》話を聞いてみましょう（『富岡製糸場誌』に収録）。

――みなさんは全員、寄宿舎《きしゅくしゃ》生活をしたのですか？

「そうですね、ほとんど全員です。工女は六七五人もおりました」

――朝は早かったんでしょうね。

「朝四時に〈おこし〉、五時に〈かかり〉の蒸気笛《じょうきぶえ》が鳴って仕事にかかります。つぎの〈ポー〉がなると昼休み、三時の休みもありました」

――当時の楽しみというのは？

「そうね、年に一回の素人《しろうと》演芸会。中村座《なかむらざ》を借りきるんです。みんな上手《じょうず》だった！」

――関東大震災《かんとうだいしんさい》もこのころですよね。

「大震災のときは、釜《かま》から繭《まゆ》が飛びだすほどでした。ガラスも飛び散ってひどい状態でした。でも建物は頑《がん》丈《じょう》だったので、お昼を食べてから、また仕事をつづけました」

――富岡製糸には、愛唱歌《あいしょうか》がたくさんありましたね。

「はい、北原白秋《きたはらはくしゅう》と弘田竜太郎《ひろたりゅうたろう》がきて、歌をつくって教えてくれました。北原白秋は一か月くらいも製糸場にいました」

――ちょっと、ひとつ歌ってみてください。

「♪…天に青雲、日の光　お国は上野《こうづけ》、北甘楽《きたかんら》
甘楽、甘楽、北甘楽　富岡製糸の汽笛《ふえ》は鳴る…」

…「甘楽行進歌」という歌でした。

さてさて、長くつづいた原合名も、昭和初期の大不況時代のなかで、経営が順調にいかなくなりました。それで、製糸業界では筆頭の地位にあった「片倉製糸紡績《ぼうせき》」に経営が移りました。時に、昭和一四年（一九三九）のことでありました。

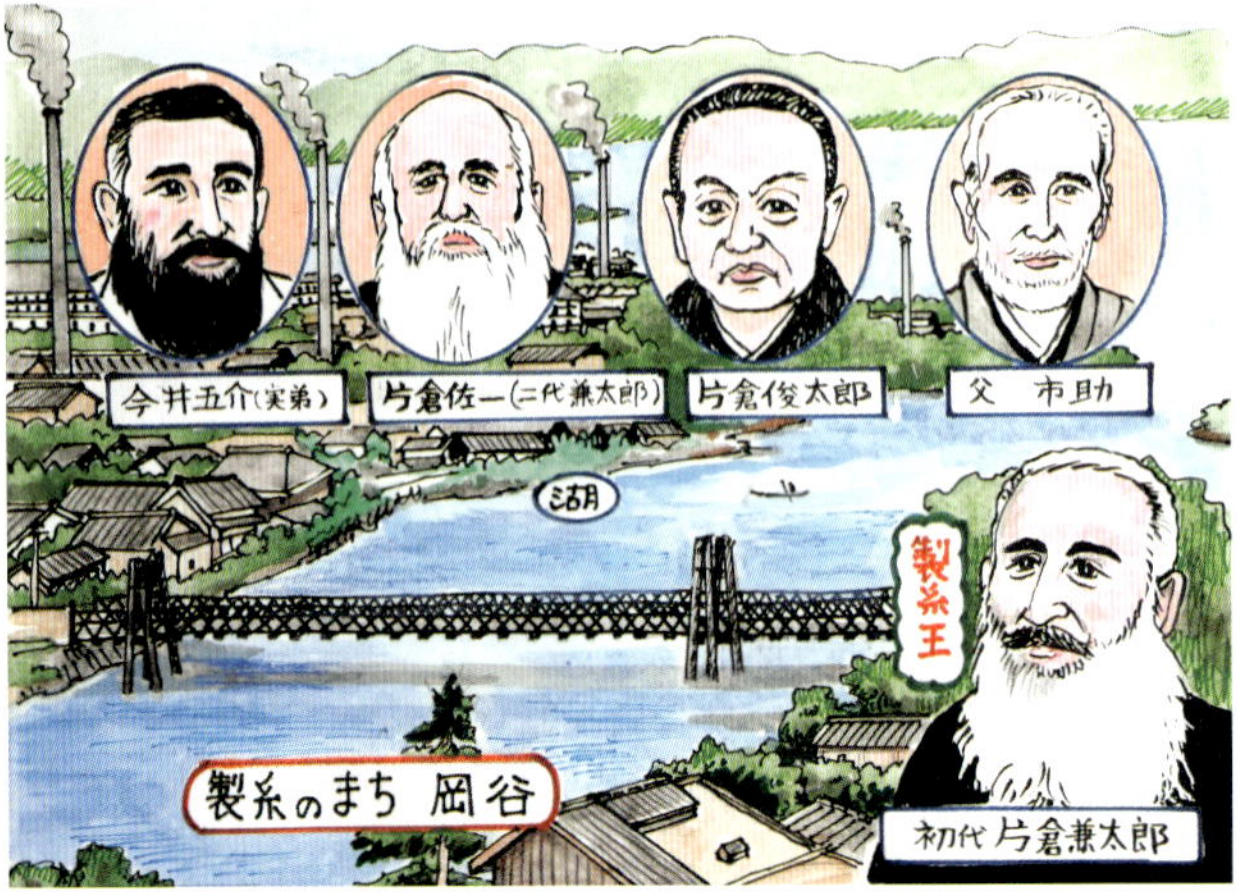
今井五介(実弟)
片倉佐一(二代兼太郎)
片倉俊太郎
父 市助
湖
製糸王
製糸のまち 岡谷
初代片倉兼太郎

至誠如神
御法川多条繰糸機
学習風景
鶴峯公園に立つ
初代片倉兼太郎翁銅像

片倉家の経営

ご存じのように片倉家は長野県岡谷《おかや》市の出身で、富岡製糸場が開業した翌年の明治六年に、一〇人繰りの「座繰《ざぐ》り製糸」からはじめたようであります。

父・市助が、子どもたちの将来を考えて創業したようですが、その後、日本の「製糸王」となったのは、長男の初代・片倉兼太郎《かねたろう》でありました。そして、その兼太郎を支えつづけたのが実弟の今井五介と片倉佐一、いとこの片倉俊太郎らでありました。単なる同族経営ではありません。いずれも「俊秀《しゅんしゅう》にして賢才《けんさい》」、得意分野を分け合って、果敢《かかん》に業界の先端を切り開いていったのであります。

さて片倉製糸が日本一になったという結果をつきつめれば、兼太郎の「思想・生き方」にゆきつく、といわれています。いまでも富岡製糸場に行くと、「至誠《しせい》、神の如《ごと》し」という扁額《へんがく》が残されています。「何事にも誠意を尽くせば不可能はなくなる」と兼太郎は言いつづけ、それをみずから実践していたのです。

技術開発と教育

また片倉製糸は、技術開発と教育に最大の力点を置いていました。

とくに、「一代交雑種《こうざつしゅ》」という蚕《かいこ》の品種改良を行い、全国に普及しました。また製糸器械では、多条繰糸機《たじょうそうしき》という新機能の製糸器械を開発しました。そして戦後、長年の夢であった自動繰糸機を開発し、実用化したのです。いずれも製糸業界をリードする研究体制をつくっていたからなんですね。

教育では、それぞれの工場内に学習の場をもうけました。富岡製糸場にも「片倉学園」がありましたので、その伝統を身近に知ることができるでしょう。

そんな先進的な企業が、昭和一四年から富岡製糸場の経営に当たってきたのです。富岡製糸場にとっては、まさに、幸運だったといえるでしょうね。

皇后・皇太后行啓七〇周年

さて片倉の富岡製糸所となって間もなく日本は太平洋戦争に突入し、「統制経済」がはじまりました。昭和一八年（一九四三）には、国内のすべての製糸工場が統合されて、「日本蚕糸《さんし》製造株式会社」に一本化されたのです。つまり、片倉製糸がなくなってしまったのです。といっても操業《そうぎょう》は従来どおり、器械が止まることはありませんでした。

そして同じ年に、「皇后・皇太后行啓七〇周年」の記念行事が盛大に開催されたのであります。場内にある「行啓記念碑」も、このとき建てられました（ちなみに、記念碑の銘文は徳富蘇峰《とくとみそほう》の撰文《せんぶん》）。

左の絵の式辞《しきじ》は片倉製糸の今井五介顧問、記念碑の除幕《じょまく》をしているのは五介翁の孫娘です。また記念碑の前では整然《せいぜん》と居《い》ならぶ工女さんたちの記念写真が撮影されました。

さて、もうひとつ特筆すべきものがあります。記念事業の一環として、『富岡製糸所史』が刊行されたのであります（著者は、藤本実也《ふじもとじつや》農学博士）。創業以来、はじめて編《へん》纂《さん》された富岡製糸場の歴史書は、読みやすく一級の資料になっています。

自動繰糸機の開発

さて昭和二〇年八月、敗戦時に稼働《かどう》していた製糸場は、全国でも五か所のみになっていました。富岡製糸場は、名称も「片倉工業株式会社富岡工場」となって、戦後の「も

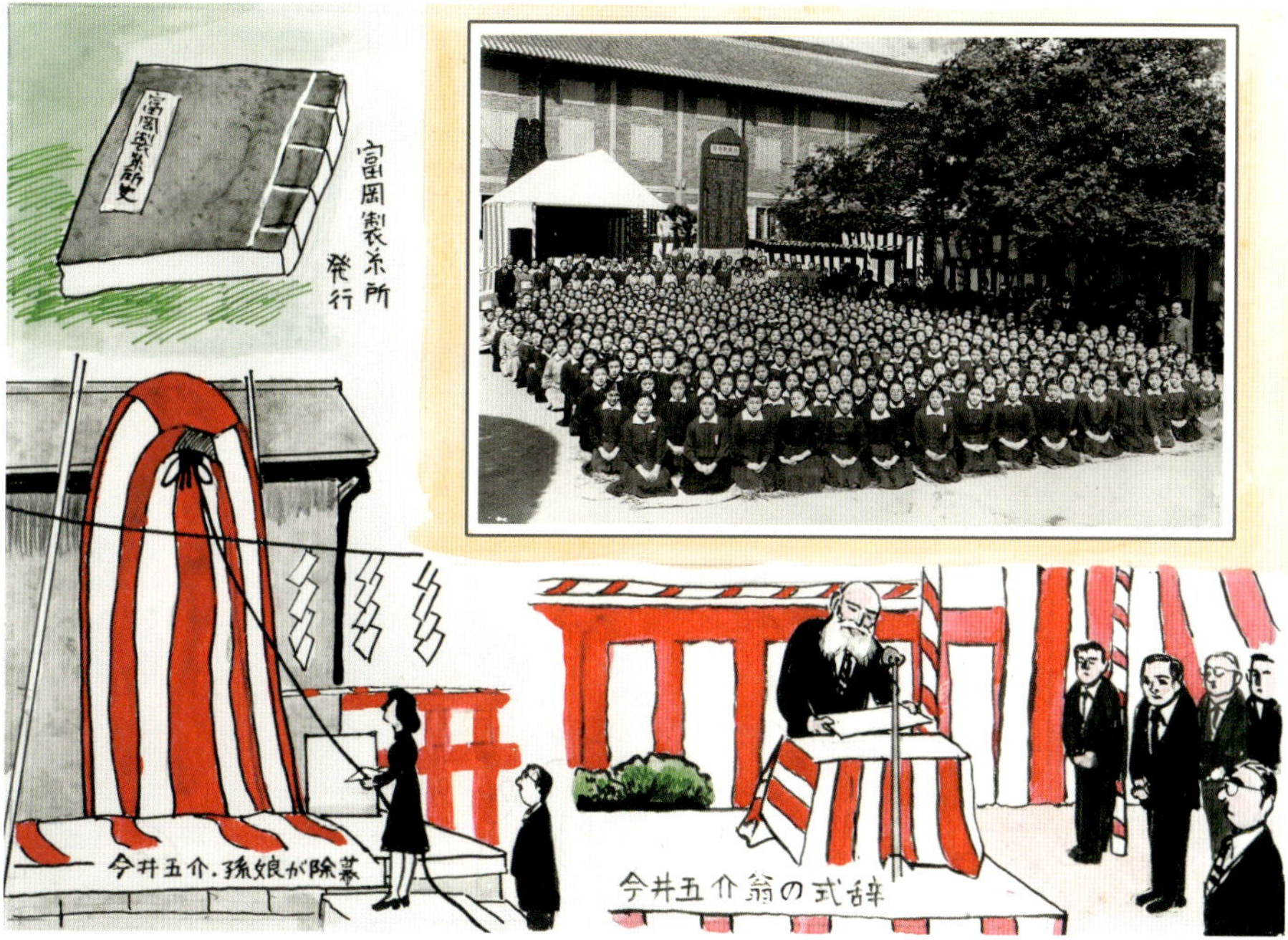
富岡製糸所史
富岡製糸所
発行
今井五介.孫娘が除幕
今井五介翁の式辞

TOMIOKA
RawSilK
KATAKURA INDUSTRIES
富岡工場のマーク
敗戦
焼け野原となった東京市街地
戦後日本経済は大発展
東京・京橋・旧片倉工業本社

の不足時代」を背景に増産体制に入りました。

そのときに大きな力を発揮したのが自動繰糸機でありました。現在も残っている繰糸機は、昭和四一年に導入された日産自動車製の自動繰糸機なのであります。その後、あらたな繰糸機は開発されていませんので、富岡製糸場に静かに眠っている繰糸機は、いまでも世界最新鋭の繰糸機なのであります。この自動繰糸機を採用したことで、高度成長によって上がりつづけた人件費にも耐え、製糸業は発展していきました。

しかし、戦後の人工繊維《じんこうせんい》（ナイロン、レーヨンなど）が急速に普及し、製糸業界は徐々に衰退《すいたい》への道を歩みはじめたのであります。

富岡工場操業停止

さてさて、押し寄せる時代の波で衰退をはじめた蚕《さん》糸《し》業は、全国の製糸工場をつぎつぎに閉鎖させてしまいました。そしてついに昭和六二年（一九八七）二月、開業から一一五年つづいた富岡製糸場も、操業停止の時を迎えてしまったのです。

片倉工業本社が発表した「富岡工場操業停止」は各方面に衝撃《しょうげき》を与えました。閉鎖の理由は、製糸業界の不況と円高の直撃と説明されました。そして二月二八日、本社社長ほか社員一〇〇人ほどが参列した閉所式で、長い歴史の幕が静かにおろされたのであります。

一方、地元では、青年会議所が中心になって「惜別梵鐘打《せきべつぼんしょうう》ち会《かい》」というセレモニーが行われました。富岡市内の九寺院と、甘楽《かんら》・下仁田《しもにた》の二寺院で、午前七時、正午、午後五時の三回、それぞれ約一〇〇〇人の市民らが参加し、ひとりひとりが別れの鐘《かね》をつきました。なんともいじらしいことですが、市民の気持ちをあらわすには、こんなことしかできなかったのでしょうね。残念、無念の思いが込められた鐘の音が、西上州《じょうしゅう》に響き渡ったのであります。

閉鎖後の富岡製糸場

さて操業停止後、片倉工業さんは独自の開発計画も検討していたようでありますが、結論が出ないまま、一六年の歳月が流れました。

この間、所長ほかの常駐者《じょうちゅうしゃ》を置き、場内の植木の手入れ、広大な建物の清掃、傷《いた》んだ建物の補修、資料整理と、感動するほどの努力をしてくれました。また、市民要望のイベントなどにはつねに無料開放してくれていました。とくに青年会議所主催の「写生大会」や「ザ・シルクデー」などが毎年、恒例《こうれい》行事として開催されていたのです。

「富岡製糸場は一企業のものではなく、日本の宝であり世界の宝だ」という言葉を聞いて、さすが片倉さんと私たちは感動いたしました。これも、操業停止時の柳沢社長さん、つづく清田社長さん、そして、「公有」の決断をしてくれた岩本社長さん、その三代の社長さんに、「至誠《しせい》、神の如《ごと》し」という片倉兼太郎の精神が生きつづけていたからのことでありましょう。

そして当時「売らない・貸さない・壊《こわ》さない」という三原則をもっていると言っていました。そして、これらの原則が、一変《いっぺん》する日がやってきたのです。

群馬県知事の世界遺産構想

平成一五年（二〇〇三）八月二五日のことでありました。群馬県知事が、富岡製糸場の世界遺産構想を発表したのです。群馬県はもともと、養蚕《ようさん》・製糸《せいし》がさかんな地域でした。上毛《じょうもう》カルタ（県内各地域の名所旧跡、偉人《いじん》などを詠《よ》みこんだカルタで、群馬県人ならだれもが暗唱しているほど普及しています）のなかにも、シルク関連の五枚のカードがあります。

〈繭《まゆ》と生糸《きいと》は日本一〉〈日本で最初の富岡製糸〉
〈県都前橋《まえばし》糸のまち〉〈桐生《きりゅう》は日本の機《はた》どころ〉
〈銘仙《めいせん》おりだす伊勢崎《いせざき》市〉

こんな群馬県ですから、県庁内に蚕糸《さんし》課を置き、専門的知識をもつ職員も多数いたのです。そんな背景のもとに「世界遺産構想」が浮上してきたのです。さっそく、群馬県は片倉工業本社をたずね、その構想を説

め 銘仙織出す 伊勢崎市
ま 繭と生糸は日本一
に 日本で最初の 富岡製糸
け 県都前橋 糸のまち
き 桐生は日本の機どころ
小寺知事

明しました。

説明を聞いて、片倉さんも前向きに受け入れてくれました。それから一年の検討期間を経て、片倉工業取締役会で①世界遺産登録運動に協力する。②国の重要文化財指定を受け入れる。③指定後は公有地化する、という決定をしてくれたのです。

群馬県知事の英断《えいだん》、そしてそれに即応《そくおう》した片倉工業さん。歴史の歯車がタイミングよく回転しはじめたのであります。

世界遺産暫定リスト入り

さてさてうれしいことに、構想は一気呵成《いっきかせい》に進みました。国史跡指定、重要文化財指定もスムースに実現しました。そして、平成一七年九月三〇日、建物など、すべての地上物件が富岡市に無償譲渡《むしょうじょうと》、つまり寄付されたのです。

こんな経過で、富岡製糸場は富岡市が管理・運営することになりました。次ページをごらんください。これは「市民感謝の集い」の集合写真であります。ブリュナ館での「建物引き渡し式」を終えたあと、七〇〇人をこえる市民が参加し、晴れやかな顔で記念撮影にのぞみました。「片倉さん、ありがとう！」という声が聞こえてきませんか？

さてその後、富岡製糸場の土地は富岡市が購入し、官営から民営の時代を経てふたたび公有地となったのです。この当時、文化庁は、「世界遺産候補」を公募すると発表していました。さっそく群馬県は「富岡製糸場と絹産業遺産群」として構想をまとめ、文化庁に申請したのです。

文化庁には全国から二四か所が申請されましたが、そのなかから富岡製糸場をはじめ四か所の提案が採用され、暫定《ざんてい》リストに搭載《とうさい》されたのです。暫定リスト入りした平成一

市民感謝の集い
片倉工業さんへ

2005年10月9日

富岡市から 岩本社長さんに
江戸切り子贈呈

祝 ユネスコ世界遺産 暫定リスト登載
2007年1月23日

祝 世界遺産祝祝

世界遺産祝祝

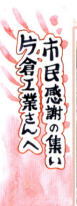

九年一月、富岡市内では大勢の市民が提灯行列《ちょうちんぎょうれつ》を組み、富岡製糸場に集結しました。右ページ下の写真は、そのときお祝いに参加した市民の皆さんです。

世界遺産に決定

暫定リスト入りした「富岡製糸場と絹産業遺産群」は、先行していた平泉《ひらいずみ》・富士山の登録を待って、平成二五年一月に日本国がユネスコに正式申請いたしました。そして、同年九月にはイコモス（国際記念物遺跡会議）の現地調査があり、翌二六年四月二六日にはイコモスの勧告《かんこく》が発表され、「登録」とされました。

そして同年六月二一日、カタールのドーハで開催されていた「世界遺産会議」で審議《しんぎ》にかかりました。審議も順調に進み、インド人・マサヤ議長の「コングラチュレーションズ　ジャパン！」の声とともに小槌《こづち》が打ち下ろされ、採択《さいたく》されたのであります。

待ち望んでいた私たちにとって、これにすぐる喜びはありません。この夜、大勢の市民が参加した提灯行列は、製糸場内に特設された祝賀会場へとつづき、大きなバンザイで世界遺産決定を祝いました。

ユネスコ世界遺産に登録された富岡製糸場には、連日記録的な観光客が押し寄せています。製糸場を取り囲む街中も変わりつつあります。しかし、私たちは「世界の宝」を守り、磨《みが》きつづけるために、多くの課題をもっています。

その課題を一つひとつていねいに解決してゆくために、皆さまにもご協力をいただきたくお願い申し上げまして、このものがたりの幕を閉じることにいたしましょう。

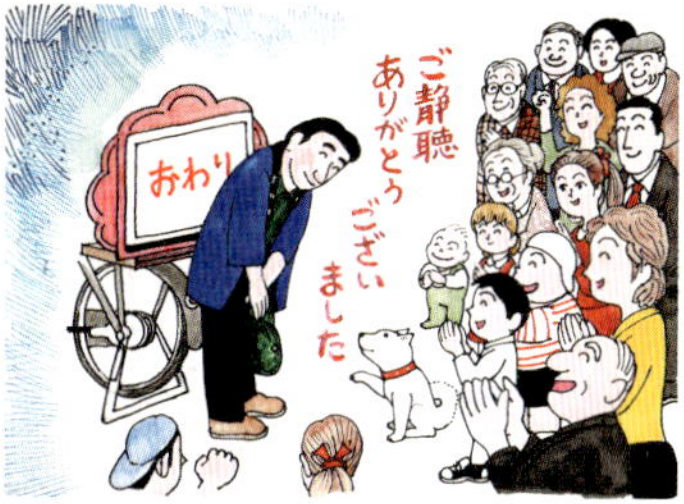

コラム5 日本近代産業発祥一〇〇年祭

富岡製糸場《とみおかせいしじょう》は、昭和四七年（一九七二）、創立一〇〇年の記念日を迎えました。片倉工業株式会社の全面協力を得て、製糸場内で盛大な記念式典が開催されました。同時に「資料展」なども開催されましたが、ふたつの大きな成果がでました。

そのひとつは、市民総参加の「富岡まつり」で製糸場の意義が再認識されたこと。また、もうひとつは『富岡製糸場誌』という巨大な著作が刊行されたことでした。その編集・執筆の中心となったのが、当時富岡市教育委員会に所属していた今井幹夫先生でした。原合名時代までが対象ですが、厚さは一〇センチにも及ぶ大作でありました。

その後も今井先生は、製糸場に関する著作を書きつづけ、文字どおり富岡製糸場研究の第一人者となられているのです。うれしいですね。歴史に光を与えつづける人の存在は…。

赤れんがクイズ その5

富岡製糸場のシンボルとなり、行啓《ぎょうけい》記念碑の台座、ブリュナ館の緞帳《どんちょう》にも使われているものとは、どんなものでしょうか？

▶クイズの答えと解説は P127 へ

6

資料編

富岡製糸場の今と昔

富岡製糸場《とみおかせいしじょう》は、明治五年（一八七二）一〇月に開業し、一一五年間の操業《そうぎょう》後、昭和六二年（一九八七）に閉鎖されました。日本の近代社会発展に貢献《こうけん》し、繊維産業の衰退《すいたい》にともなって静かにその役割を終えたのです。

ひとつの産業施設が世紀を超えて受け継がれるということは奇跡ともいわれます。しかも、創業当時の主要な建造物は、ほとんど当時のまま残されています。その近代化遺産が世界に認められて、平成二六年（二〇一四）に「世界遺産」に登録されました。

工場内・繰糸器の変遷

創業時、フランス製の繰糸機は一人一釜。釜数だけの工女がいました。

昭和二〇年代は「多条式繰糸機」。それでも多くの工女が必要でした。

昭和四二年、「自動繰糸機」設置。閉鎖後もそのまま残されています。

富岡製糸場に関する「年表」（概略）

明治　5年10月	官営富岡製糸場開業。 首長ブリュナ。
26年 9月	入札公売、三井家が落札。
35年 9月	原合名会社に譲渡。
昭和 14年 7月	片倉富岡製糸所となる。
62年 2月	富岡工場操業停止。
平成 15年 8月	小寺知事、世界遺産構想発表。
17年 7月	国の史跡指定。
9月	地上物件すべて、 富岡市に寄付。
10月	富岡市に管理移転、 所有は富岡市に。
18年 7月	国重要文化財に指定。
19年 1月	ユネスコ世界遺産、 国の暫定リストに搭載。
25年 1月	日本国が正式申請。
26年 6月	カタール、ドーハで開催されたユネスコ世界遺産会議で「登録」決定。
26年12月	国宝に指定。

●世界遺産は「富岡製糸場と絹産業遺産群」が正式名称で、構成資産は「富岡製糸場」「高山社跡」「田島弥平旧宅」「荒船風穴」の４資産です。詳細については、120ページをご覧下さい。

製糸場全景

明治初期に描かれた「錦絵」。

明治四一年、原合名時代。

昭和六二年、操業停止直後の景。

◆富岡製糸場のご案内

この絵にある製糸場《せいしじょう》の敷地は約五万二千平方メートル（一万五千坪余）で、東に三三〇〇平方メートルが隣接し、計五万五三〇〇平方メートルが国の史跡指定を受けています。この中に建造物群が一二〇余り現存しています。国宝指定を受けたのは繰糸《そうし》工場（一四〇、四メートル×一二、三メートル）と二棟の東西繭倉庫《まゆそうこ》（一〇四、四メートル×一二、三メートル）で、ほかに異人館《いじんかん》と通称されているブリュナ館、検査人館、女工館も赤れんがでつくられています。

明治初期の建造物が世紀を超えて現存するのは奇跡的ともいわれています。この最大の理由は、「建物が堅牢《けんろう》の上に大規模であったこと。製糸という単一業種が継続されたこと」、つまり、増改築の必要がなかったことにあるといわれています。うれしいですね。私たちは現在でも創業時からの歴史をすべて見ることができるのですから…。

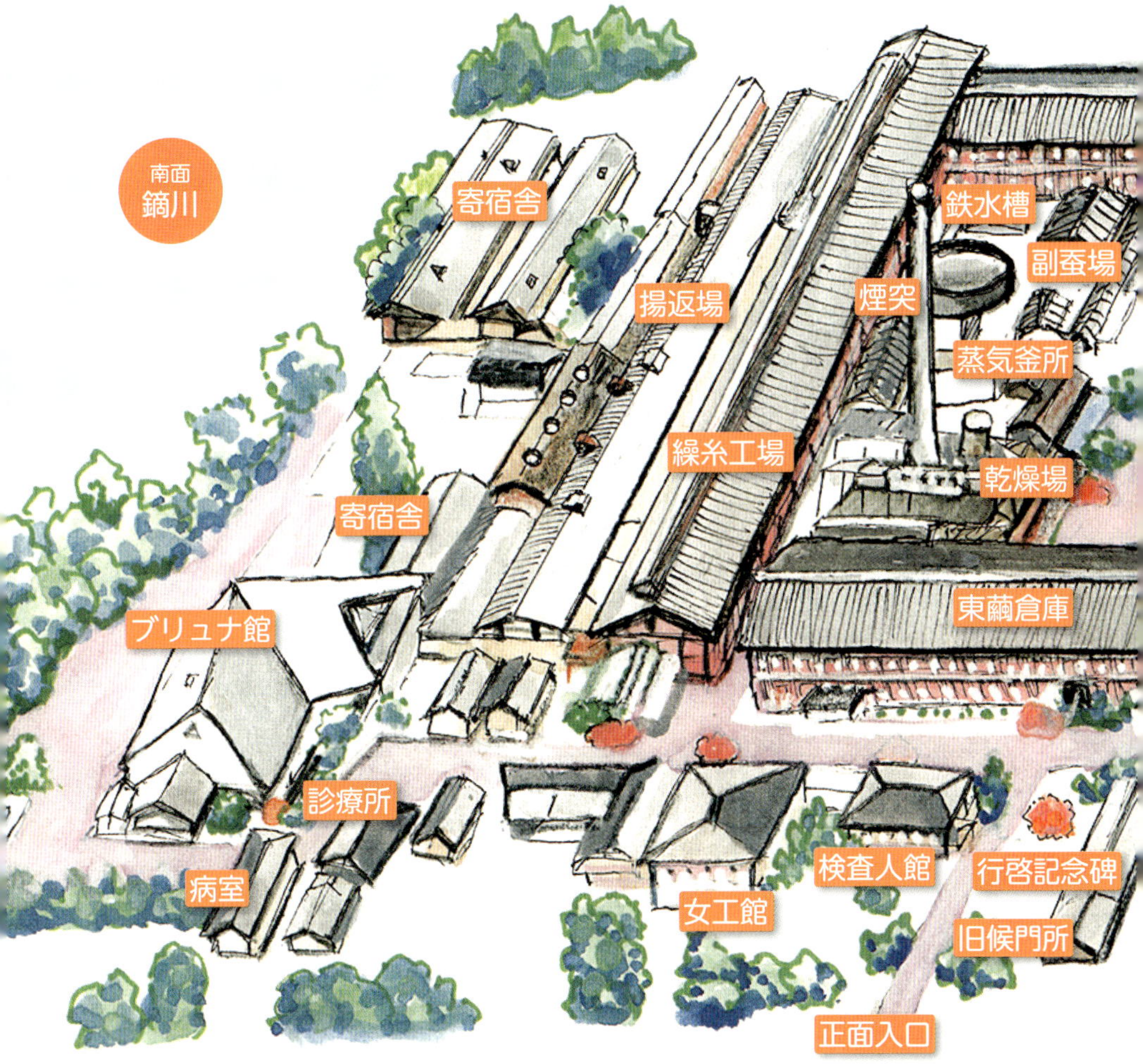
南面
鏑川
寄宿舎
鉄水槽
副蚕場
揚返場
煙突
蒸気釜所
繰糸工場
乾燥場
寄宿舎
東繭倉庫
ブリュナ館
診療所
検査人館
行啓記念碑
病室
女工館
旧候門所
正面入口

◆場内のいろいろな建物

ブリュナ館　首長ブリュナは明治８年末まで富岡に滞在した。フランスから新婚の妻を帯同し、この館で２人の娘が生まれた。その後、この館を改装し、講堂や「片倉学園」などに使用されていた。

ブリュナ館の地下室　ワインの貯蔵庫ともいわれているが、緊急避難場所だったとのうがった説もある。

Ⓐ**アーチ正面**　アーチのキーストーンには「明治五年」の刻印がある。　Ⓑ**繰糸工場**　昭和42年設置の自動繰糸機がそのまま保存されている。Ⓒ**検査人館**　フランス人の検査人２名の宿舎としてつくられた。Ⓓ**女工館**　ブリュナが指導工女として連れてきた４名の宿舎。Ⓔ**診療所**　当初フランス人医師２名が常駐した。以降は日本人医師が引き継いだ。

◆絹産業遺産群

　ユネスコ世界文化遺産に登録された「富岡製《とみおかせい》糸場《しじょう》と絹《きぬ》産業遺産群」は、富岡製糸場、高山社跡、田島弥平《たじまやへい》旧宅、荒船風穴《あらふねふうけつ》の四資産で構成されています。

　そのいずれもが、全国の養蚕《ようさん》・製糸の発展に大きく寄与《きよ》いたしました。

　富岡製糸場は模範伝習《もはんでんしゅう》工場として器械製糸の全国普及に貢献し、高山社は「清温育《せいおんいく》」という飼育法を確立して全国・海外まで広めました。

　田島弥平ははじめて二階屋根に換気用の越屋《こしや》根《ね》を取りつけて「清涼育《せいりょういく》」という飼育法を考案し、養蚕農家の原型をつくりました。

　荒船風穴は、岩の隙間《すきま》から吹きだす冷風を利用した蚕種《さんしゅ》の貯蔵施設で、年一回だった養蚕から通年飼育を可能にしました。

　養蚕県といわれてきた群馬県は、官営工場をきっかけに養蚕・製糸の技術開発に大きく貢献してきたのです。

蚕業学校　全国・海外から技術を習得しようと入校し、地域に帰って養蚕指導員として活躍した。

高山社跡　高山長五郎が創立し、「清温育」の技術を全国に広めた。

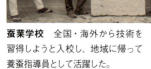

田島弥平旧宅　文久三年（一八六三）に建設され、近代養蚕農家の原点となった。

二階蚕室の内部

種紙（蚕の卵）

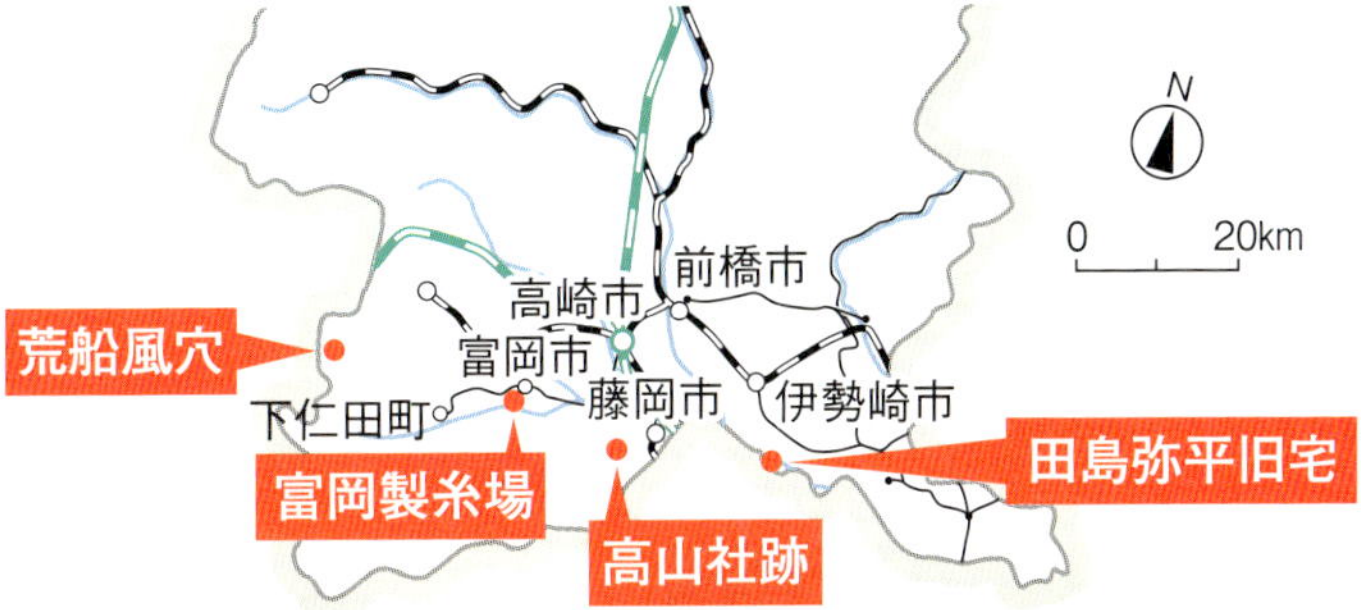

石垣に囲まれた風穴跡

荒船風穴の再現模型

◆お蚕の一生

昆虫で毛虫の一種「蚕《かいこ》」はヒマラヤ地方が原産で、六千年も前から人間が飼いつづけてきたといわれています。そのためすっかり野性味を失っています。

いちばんの特徴は、与えられる桑《くわ》の葉だけを食べ、食べ尽くしても待ちつづけ、移動しません。これほど飼いやすい習性はありませんね。

さて、蚕は孵化《ふか》してから四回の脱皮をして成長します。この間五グラムの桑を食べ、一万倍の大きさになって繭《まゆ》をつくります。その繭から生糸《きいと》を紡《つむ》ぎだします。成分はほとんどがたんぱく質なので、純白で肌触りのよい生地《きじ》になります。

繭をそのままにしておくと、さなぎから蛾《が》に変身した蚕が繭を食い破って出てきて交尾し、卵を産みます。そして一定の温度になると孵化します。

これがお蚕の一生なのです。

段々畑から桑を運ぶ

産卵のもよう

桑を食べる蚕

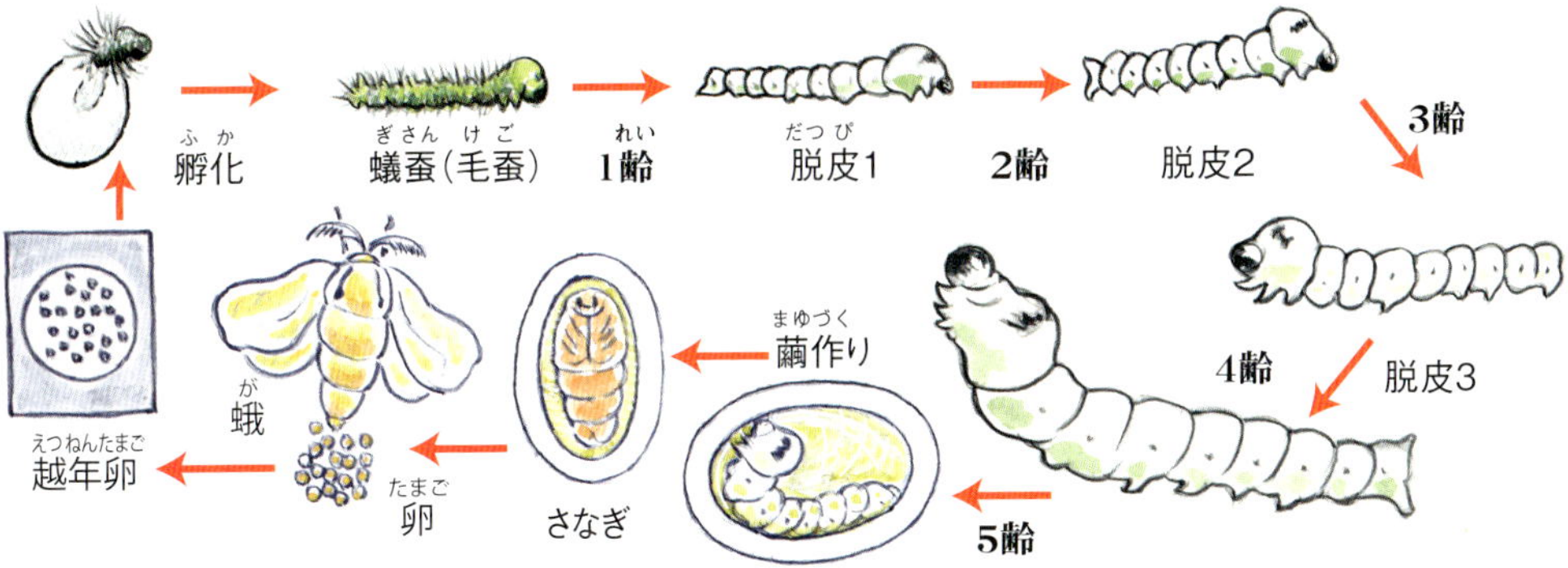

輝く繭収穫

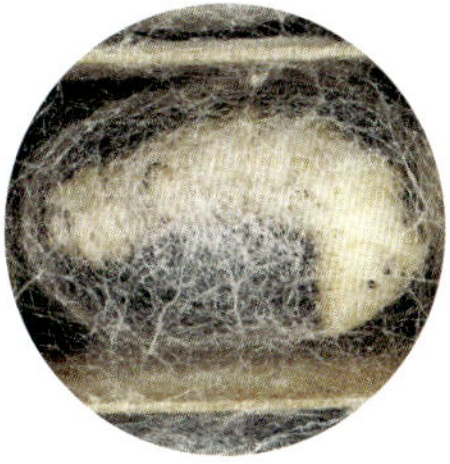

繭づくり中の蚕

糸を吐く蚕

あめ色になった熟蚕

けば取りをした繭

回転まぶしで繭作り

絹織物のできるまで

日本文化といえば「和服」ですね。その和服の最上級が絹織物です。また西洋でもシルクの衣装は高級品でした。

その高級素材を西洋に運ぶシルクロードもつくられていました。そんな高級品を庶民《しょみん》でも手に入れられるようになったのが、器械製糸だったのです。その貢献が認められ、「富岡製糸場《とみおかせいしじょう》と絹《きぬ》産業遺産群」は世界遺産になりました。

概略《がいりゃく》を挙《あ》げると、まず収穫した繭《まゆ》を乾燥してからお湯につけて糸をほぐし、繰糸機《そうしき》で枠《わく》に巻き取ります。これがシルク素材になります。

このシルクを染色し織機で織物にします。この織物から和服や洋服に仕立てられ、スカーフやネクタイ、タペストリーなどの装飾布になって、多くの人びとを魅了《みりょう》する「もっとも美しく肌触《はだざわ》りの良い」シルク製品になるのです。

なぜ肌触りが良いのか?、それはシルクが人の肌と同じたんぱく質でできているからなのです。これだけは人工繊維の及ばないことですね。

繭の選別

繭を煮て糸を引きだす

繰糸機にかける

揚げ返し

生糸品質確認

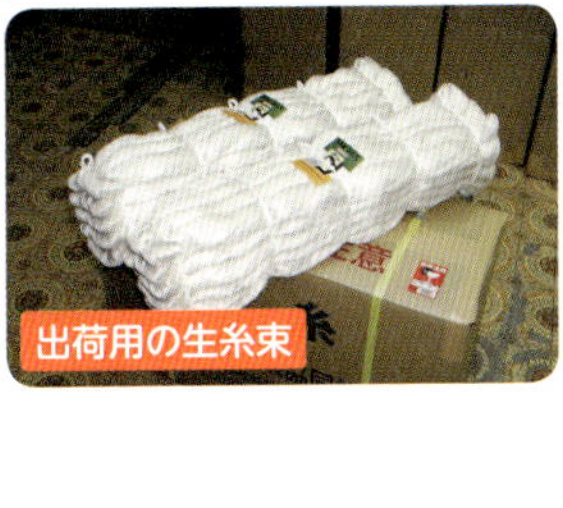
出荷用の生糸束

製品になったショール類

赤れんがクイズ

答えと解説

◉その1（P24）

ペリー艦隊襲来のとき「太平の　眠りを覚《さ》ます　上喜撰《じょうきせん》　たった四杯《しはい》で　夜も寝られず」という狂歌《きょうか》が江戸中にはやったそうです。さて、黒船に掛けた上喜撰とは何のことでしょうか？

答え　「上喜撰」とは、お茶の銘柄のことで、最上級のお茶のことをいいます。高級なお茶を四杯も飲めばその夜寝られないという掛詞《かけことば》になっています。江戸っ子はしゃれていますね。

◉その2（P44）

製糸場《せいしじょう》建設は明治初期のころ、機械や運搬車《うんぱんしゃ》もなかった時代です。さて、大量の木材や基礎石など、どこからどのように運んだのでしょうか？

答え　富岡《とみおか》から一〇キロほど西方に妙義《みょうぎ》神社があります。その裏山には樹齢《じゅれい》五〇〇年以上の杉《すぎ》の大木がありました。ご神木《しんぼく》として大切《たいせつ》にしてきたものですが、地元住民を説得して伐《き》りだしてきました。基礎石は隣町《となりまち》の小幡《おばた》に石切場《いしきりば》を設け、台車に乗せ、川には橋を架《か》けて運んできました。

◉その3（P64）

「近代労働さきがけの地」であった富岡製糸場でしたが、工女さんたちの労働条件は、当時としては破格《はかく》のものでした。では、一日八時間労働と、もうひとつは何でしょう？

答え　ブリュナが仮契約のとき提出した「見込み書」のなかに、就業規則《しゅうぎょうきそく》も盛り込まれていました。そのなかに「日曜休日」がはいっていたのです。日本の日曜休日は富岡からはじまったのですね。

◉その4（P88）

養蚕《ようさん》は、現在の皇居でも行われている重要な行事ですが、これは古くはいつごろから行われていたのでしょうか？　その歴史は？

答え　蚕《かいこ》はヒマラヤ地方が原産で六千年も前から人間が飼うようになりました。桑の葉しか食べず、移動もしません。宮中では一五〇〇年も前から時の天皇・皇后《こうごう》さまが国内の蚕を集められたと『日本書紀《にほんしょき》』に出ているそうです。皇居のご養蚕の伝統は、明治四年（一八七一）に昭憲皇后《しょうけんこうごう》さまがはじめられたと伝わっています。

◉その5（P112）

富岡製糸場のシンボルとなり、行啓《ぎょうけい》記念碑の台座、ブリュナ館の緞帳《どんちょう》にも使われているものとは、どんなものでしょうか？

答え　明治六年（一八七三）六月、富岡製糸場に皇后・皇太后《こうたいごう》さまが行啓されました。その折り、工女たち全員に「扇子《せんす》」を下賜《かし》されました。それがきっかけで、行啓七〇周年記念で建立された記念碑の台座が「扇」の形になり、ブリュナ館の緞帳にも採用されているのです。ちなみに、現在でも皇室の方々はほとんど富岡製糸場をご訪問され、記念植樹されています。

赤れんがものがたり

2016年8月31日　第1版 第1刷発行

著　者　今井 清二郎
発行者　柳町 敬直
発行所　株式会社 敬文舎
〒160-0023　東京都新宿区西新宿3-3-23
ファミール西新宿405号
電話　03-6302-0699（編集・販売）
URL　http://k-bun.co.jp
印刷・製本　株式会社シナノパブリッシングプレス

Printed in Japan ISBN978-4-906822-84-3